H. J. Blaß, T. Uibel

Spaltversagen von Holz in Verbindungen

Ein Rechenmodell für die Rissbildung
beim Eindrehen von Holzschrauben

Spaltversagen von Holz in Verbindungen

Ein Rechenmodell für die Rissbildung
beim Eindrehen von Holzschrauben

Titelbild: Rissbildung und Aufspalten bei einem Holzbauteil

Band 12 der Reihe
Karlsruher Berichte zum Ingenieurholzbau

Herausgeber
Universität Karlsruhe (TH)
Lehrstuhl für Ingenieurholzbau und Baukonstruktionen
Univ.-Prof. Dr.-Ing. H. J. Blaß

Spaltversagen von Holz in Verbindungen

Ein Rechenmodell für die Rissbildung beim Eindrehen von Holzschrauben

Die Arbeiten wurden gefördert aus Mitteln des Deutschen Instituts für Bautechnik.

von

H. J. Blaß
T. Uibel
Lehrstuhl für Ingenieurholzbau und Baukonstruktionen
Universität Karlsruhe (TH)

universitätsverlag karlsruhe

Impressum

Universitätsverlag Karlsruhe
c/o Universitätsbibliothek
Straße am Forum 2
D-76131 Karlsruhe
www.uvka.de

Universitätsverlag Karlsruhe 2009
Print on Demand

ISSN: 1860-093X
ISBN: 978-3-86644-312-9

Vorwort

Selbstbohrende Holzschrauben haben sich in den letzten Jahren als wirtschaftliche Möglichkeit zur Herstellung von Anschlüssen im Holzbau etabliert und zudem neue Verbindungsarten ermöglicht. Eine häufige Verwendung finden sie auch zur Befestigung von Verbindern aus Stahl oder Aluminium. Des Weiteren werden selbstbohrende Holzschrauben mit Vollgewinde zur Verstärkung von Bauteilen in Bereichen von Querdruck- oder Querzugbeanspruchungen verwendet. Diese Anwendungen erfordern geringe Abstände der Verbindungsmittel untereinander und zu den Bauteilrändern. Selbstbohrende Holzschrauben werden u. a. mit besonderen Bohrspitzen, Fräsrippen sowie speziellen Schraubenköpfen hergestellt. Hierdurch kann ein Versagen des Holzes durch Aufspalten während des Einschraubens verhindert werden, so dass geringe Abstände realisierbar sind. Die erforderlichen Mindestabstände und Mindestholzdicken müssen allerdings für jeden Schraubentyp durch aufwändige Einschraubversuche bestimmt werden. Eine Übertragung der Ergebnisse von Einschraubversuchen auf andere Schraubentypen oder Schraubendurchmesser ist aufgrund abweichender Schraubengeometrien nicht möglich.

Im Holzbau werden Tragwerke häufig aus Systemen mit Haupt- und Nebenträgern gebildet. Für die Anschlüsse von Nebenträgern an Hauptträger steht eine Vielzahl unterschiedlicher Verbinder zur Verfügung, die u. a. auch mit selbstbohrenden Holzschrauben befestigt werden. Die Bemessung der Verbinder wird i. d. R. in allgemeinen bauaufsichtlichen Zulassungen geregelt. Die erforderlichen Bemessungsmethoden wurden in der Mehrzahl auf Grundlage umfangreicher Versuche an Haupt-Nebenträger-Verbindungen abgeleitet. Die Berechnungsmodelle für ein Produkt sind aufgrund geometrischer und struktureller Unterschiede zumeist nicht auf andere oder modifizierte Produkte übertragbar. Durch eine rechnerische Ermittlung der Tragfähigkeit dieser Verbinder unter Berücksichtigung der zu erwartenden Versagensformen kann der Versuchsaufwand erheblich reduziert werden. Viele mögliche Versagensarten, die bei Haupt-Nebenträgerverbindungen auftreten können, lassen sich bereits heute rechnerisch erfassen. Dieses gilt jedoch nicht für ein Versagen des Holzes durch Aufspalten aufgrund von zu geringen Verbindungsmittelabständen, die bei solchen Anschlüssen durchaus üblich sind.

Im Rahmen dieses Forschungsvorhabens wurden Grundlagen zur Ermittlung möglicher Mindestabstände und Mindestholzdicken für Holzschrauben auf Basis weniger Versuche sowie numerischer Berechnungen erarbeitet. Hierdurch lässt sich der Aufwand von Versuchen zur Festlegung dieser Randbedingungen deutlich reduzieren. Durch die rechnerische Ermittlung des Spaltverhaltens des Holzes beim Einbringen von Verbindungsmitteln wird außerdem eine Möglichkeit eröffnet, das Versagen von Haupt-Nebenträgerverbindungen rechnerisch zu erfassen.

In dem vorliegenden ersten Teil des Forschungsvorhabens wurde ein allgemeines numerisches Modell entwickelt, mit dem das Spaltverhalten berechnet werden kann. In Folgeprojekten ist die Verbesserung, Erweiterung und Absicherung des Berechnungsmodells beabsichtigt.

Das Forschungsvorhaben wurde aus Mitteln des Deutschen Instituts für Bautechnik (DIBt) gefördert. Die Schrauben für die Versuche wurden von den Herstellern kostenfrei zur Verfügung gestellt.

Die Planung der Untersuchungen, die Betreuung der Versuche und deren Auswertung sowie die Erstellung des Forschungsberichtes erfolgten durch Herrn Dipl.-Ing. T. Uibel. Für die Herstellung der Versuchskörper und der Versuchsvorrichtungen waren die Herren A. Klein, M. Deeg, M. Huber, G. Kranz und M. Scheid verantwortlich. Bei der Versuchsdurchführung haben Herr Dipl.-Ing. M. Mayer und die wissenschaftlichen Hilfskräfte des Lehrstuhls für Ingenieurholzbau und Baukonstruktionen tatkräftig mitgewirkt.

Allen Beteiligten ist für die Mitarbeit zu danken.

Hans Joachim Blaß

Inhalt

1 Einleitung

Für die Ausführung von Haupt-Nebenträger-Verbindungen oder auch Pfosten-Riegel-Verbindungen stehen im Holzbau eine große Anzahl unterschiedlichster Verbinder zur Verfügung. Als Verbinder werden Stahlblechformteile (Balkenschuhe, Universalverbinder, Winkelverbinder), aber auch Verbinder aus Stahl bzw. Aluminium eingesetzt, deren Bemessung zumeist in allgemeinen bauaufsichtlichen Zulassungen geregelt ist. Die Bemessungsmethoden wurden fast alle aufgrund von umfangreichen Versuchen an Haupt-Nebenträger-Verbindungen abgeleitet. Weicht ein Verbinder in Form oder Material von einem geprüften und berechenbaren Produkt ab, sind wiederum Versuche notwendig, da die Bemessungsmethoden in der Regel nicht übertragbar sind.

Die Tragfähigkeit eines Haupt-Nebenträger-Anschlusses wird durch die Tragfähigkeit des Verbinders selbst und durch dessen Befestigung an Haupt- und Nebenträger beeinflusst. Die Tragfähigkeit der Verbindungsmittel lässt sich rechnerisch z. B. nach der Theorie von Johansen erfassen. Eine rechnerische Erfassung der Tragfähigkeit des Verbinders selbst ist je nach Geometrie- und Werkstoffeigenschaften möglich oder muss auf Grundlage von Versuchen erfolgen. Des Weiteren kann ein Versagen des Holzes am Haupt- bzw. Nebenträger maßgebend werden. Hierbei kann ein Versagen infolge Querkraft- oder Querzugbeanspruchung rechnerisch ermittelt werden. Ein Versagen durch Aufspalten infolge geringer Verbindungsmittelabstände ist allerdings noch nicht erfassbar. Daher kann der rechnerische Nachweis des Gesamtanschlusses (z. B. gemäß DIN 1052) bisher nicht erbracht werden. Dies gilt insbesondere auch für Anschlüsse mit selbstbohrenden Holzschrauben, bei denen die besondere Spitzenform (Bohrspitze) verbunden mit einer speziellen Schaftausbildung (Reibenut bzw. Reibeschaft) das Aufspalten des Holzes beeinflusst. Gelingt es auf Grundlage der Untersuchungen dieses Forschungsvorhabens, das Tragverhalten von Haupt-Nebenträger-Verbindungen auch unter Berücksichtigung eines Versagens durch Aufspalten zu berechnen, kann ein großer Teil der Versuche entfallen.

Im Rahmen des dreiteiligen Forschungsvorhabens wird das Spaltverhalten des Holzes bei der Verwendung von Verbindungsmitteln untersucht, die ohne Vorbohren in das Holz eingetrieben werden. Vor allem soll eine Berechnungsmethode entwickelt werden, die es ermöglicht, das Spaltverhalten in Abhängigkeit von Bauteilmaßen, Verbindungsmittelabständen, Anordnungen und Besonderheiten von Schrauben abzuschätzen. In diesem ersten Teil des Forschungsvorhabens wird hierzu ein allgemeingültiges Rechenmodell entwickelt, das es ermöglicht, die Risserscheinungen zu ermitteln, die beim Einbringen von Schrauben in Bauteilen aus Holz entstehen.

Zunächst beschränken sich die Untersuchungen auf ein einzelnes Verbindungsmittel. Im zweiten Teil des Forschungsvorhabens soll das Modell durch Kalibrierung verbessert werden und auf Anschlüsse mit mehreren Verbindungsmitteln übertragen werden. Darüber hinaus sollen Methoden geschaffen werden, die es ermöglichen, das Spaltverhalten unterschiedlich ausgebildeter Verbindungsmittel zu berücksichtigen. Für den dritten Teil des Vorhabens ist geplant, das Modell derartig weiterzuentwickeln, dass unterschiedliche Verbindungsmittelausbildungen berücksichtigt werden können.

2 Bestehende Untersuchungen zum Spaltverhalten

Stiftförmige Verbindungsmittel wie Nägel oder Schrauben können ohne Vorbohren in ein Holzbauteil eingebracht werden. Dieses trifft insbesondere auf selbstbohrende Holzschrauben zu, die seit einigen Jahren produziert werden. Das Einbringen der Verbindungsmittel ohne Vorbohren ermöglicht eine effiziente Herstellung von Anschlüssen bzw. eine effiziente Befestigung von Verbindern. Allerdings kann beim Einbringen von Verbindungsmitteln ohne Vorbohren das Holzbauteil aufspalten oder eine Rissbildung ausgelöst werden, siehe Bild 2-1. Hierdurch kann die Kraftübertragung stark reduziert oder völlig ausgeschlossen werden, so dass eine Verwendung des Bauteils nicht mehr möglich ist. Des Weiteren haben durch die Montage der Verbindungsmittel verursachte Risse einen Einfluss auf die Tragfähigkeit des Bauteils bzw. des Anschlusses unter Belastung. Sie können ein weiteres Risswachstum initiieren und so zum Versagen durch Aufspalten führen.

Bild 2-1   Rissbildung und Aufspalten beim Eindrehen von Schrauben aufgrund zu geringer Abstände der Verbindungsmittel untereinander und zu den Rändern

Schmid (2002) stellte fest, dass diese Versagensform i. d. R. bei Nagelverbindungen nicht maßgebend wird, da die Holzbauteile entweder schon beim Einschlagen der Nägel völlig aufspalten oder sich ein Aufspalten erst bei sehr großen Verschiebungen einstellt. Hingegen kann bei selbstbohrenden Schrauben mit Bohrspitzen ein Versagen der Verbindung unter Belastung durch Aufspalten maßgebend werden, wie Untersuchungen von Blaß et al. (2006) zeigten. Bei diesen Schrauben ist ein Einschrauben ohne völliges Aufspalten auch bei geringen Abständen möglich, jedoch liegt durch das Einschrauben bereits eine erste Rissbildung vor. Diese ist häufig äußerlich kaum oder nicht erkennbar. Unter Belastung können Schraubenverbindungen, bei denen derartige Risserscheinungen vorliegen, zum Teil bereits bei geringen Verschiebungen durch Aufspalten versagen.

Bisherige Kenntnisse zum Spaltverhalten von Holz beim Einbringen von Verbindungsmitteln ohne Vorbohren beruhen größtenteils auf experimentellen Untersuchungen wie auch die Arbeiten von Blaß et al. (2006), Kevarinmäki (2005), Blaß und Schmid (2002), Schmid (2002), Lau (1990), Ehlbeck und Siebert (1988), Lau und Tardiff (1987), Ehlbeck und Görlacher (1982), Ehlbeck (1979) sowie Marten (1953). Die Mehrzahl der Untersuchungen beschränkt sich auf das Spaltverhalten von Holz beim Einschlagen von Nägeln.

Es konnten verschiedene Abhängigkeiten für Rissentstehung und Risswachstum beobachtet werden, die in materialspezifische, geometrische und verbindungsmittelspezifische Einflüsse eingeteilt werden können. Die erstgenannten sind folgende Eigenschaften des Baustoffs: Holzart, Rohdichte, Jahrringbreite, Holzfeuchte und Jahrringlage in Bezug zur Verbindungsmittelachse. Zu den geometrischen Einflüssen zählen die Abstände und Holzdicken in Bezug zum Durchmesser der Verbindungsmittel sowie die Anordnung der Verbindungsmittel im Anschlussbild. Die Ausbildung der Spitze, des Kopfes, des Schaftes bzw. Gewindes sowie die Querschnittsform und Oberflächenbeschaffenheit von Schrauben bzw. Nägeln stellen verbindungsmittelspezifische Einflüsse dar.

Zur Vermeidung des Risswachstums und des Aufspaltens des Holzes werden in den Bemessungsnormen für Holzbauwerke (z. B. DIN 1052, EC 5) Mindestabstände und Mindestholzdicken in Abhängigkeit vom Verbindungsmitteldurchmesser vorgeschrieben. In Tabelle 2-1 sind die erforderlichen Mindestabstände für Nägel in vorgebohrten und nicht vorgebohrten Hölzern mit einer charakteristischen Rohdichte von $\rho_k \leq 420$ kg/m³ gemäß DIN 1052: 2004 zusammengestellt. In Bild 2-2 sind die Bezeichnungen der verschiedenen Abstände definiert.

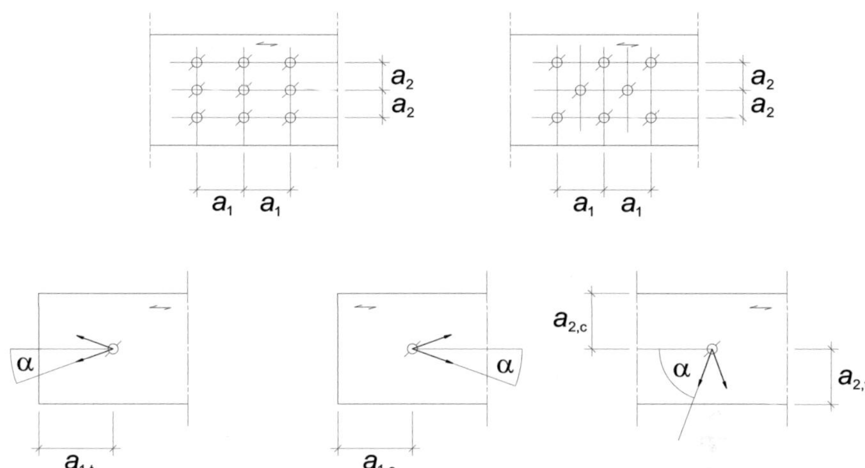

Bild 2-2   Definition der Mindestabstände von Verbindungsmitteln gemäß DIN 1052

Tabelle 2-1   Abstände für Nägel in vorgebohrten und nicht vorgebohrten Hölzern gemäß DIN 1052: 2004

	a_1	a_2	$a_{1,t}$	$a_{1,c}$	$a_{2,t}$	$a_{2,c}$
nicht vorgebohrt[1] $d < 5$ mm	$(5+5 \cdot \cos \alpha) \cdot d$	$5 \cdot d$	$(7+5 \cdot \cos \alpha) \cdot d$	$7 \cdot d$	$(5+2 \cdot \sin \alpha) \cdot d$	$5 \cdot d$
nicht vorgebohrt[1] $d \geq 5$ mm	$(5+7 \cdot \cos \alpha) \cdot d$	$5 \cdot d$	$(10+5 \cdot \cos \alpha) \cdot d$	$10 \cdot d$	$(5+5 \cdot \sin \alpha) \cdot d$	$5 \cdot d$
vorgebohrt	$(3+2 \cdot \cos \alpha) \cdot d$	$3 \cdot d$	$(7+5 \cdot \cos \alpha) \cdot d$	$7 \cdot d$	$(3+4 \cdot \sin \alpha) \cdot d$	$3 \cdot d$

[1] nicht vorgebohrte Hölzer mit $\rho_k \leq 420$ kg/m³

Nach DIN 1052 ist des Weiteren beim Einbringen von Nägeln in Schnittholz ohne Vorbohren eine Mindestholzdicke t gemäß Gleichung (1) einzuhalten.

$$t = \min\left\{14 \cdot d; (13 \cdot d - 30) \cdot \frac{\rho_k}{200}\right\} \tag{1}$$

mit

ρ_k charakteristische Rohdichte in kg/m³

d Durchmesser des Verbindungsmittels in mm

Bei Bauteilen aus Kiefernholz oder bei Einhaltung größerer Mindestabstände rechtwinklig zur Faserrichtung sind nach DIN 1052 auch geringere Mindestholzdicken möglich. Die in den Normen angegebenen Mindestwerte für Holzdicken und Abstände der Verbindungsmittel sind Erfahrungswerte bzw. beruhen auf Versuchsergebnissen.

Für Holzschrauben nach Norm ($d \leq 8$ mm, Gewinde nach DIN 7998) sind die Regelungen für Nägel sinngemäß anzuwenden. Die erforderlichen Randbedingungen für selbstbohrende Holzschrauben werden in den allgemeinen bauaufsichtlichen Zulassungen geregelt. Hier werden diese Schrauben bezüglich ihrer Mindestabstände häufig zunächst wie Nägel in nicht vorgebohrten Hölzern behandelt. Sollen geringere Mindestabstände in die Zulassungen aufgenommen werden, ist dieses durch Versuche nachzuweisen.

Zur Ermittlung von Mindestabständen beim Einschlagen von Nägeln wurden systematische experimentelle Untersuchungen durchgeführt. Ehlbeck und Siebert (1988) bestimmten z. B. die Mindestabstände für Nagelverbindungen in Douglasienholz. Ehlbeck und Görlacher (1982) untersuchten die Mindestabstände für Stahlblech-Holz-Nagelverbindungen. Experimentelle und analytische Untersuchungen zur Rissausbreitung im Holz beim Einschlagen eines einzelnen Nagels hat Lau (1990) durchgeführt. Er leitet für das Einschlagen eines einzelnen Nagels Zusammenhänge zwischen der Risslänge und dem Nageldurchmesser sowie der Rohdichte des Holzes her und gibt sie in Form einer Gleichung zur Vorhersage der mittleren Risslänge an.

Bei Haupt-Nebenträger-Verbindern werden die in den Bemessungsnormen angegebenen Mindestabstände häufig unterschritten, um mit möglichst kleiner Verbindergröße bzw. Anschlussfläche größtmögliche Kräfte zu übertragen und Zusatzmomente aus Exzentrizitäten zu vermindern. Eigene Versuche sowie Erfahrungen aus Zulassungsversuchen haben gezeigt, dass bei Verwendung von neuartigen Schrauben und Nägeln wesentlich geringere Abstände möglich sind als von den Bemessungsnormen gefordert. Dieses ist auf besondere Ausbildungen des Schaftes und der Spitze der Verbindungsmittel zurückzuführen. Bei Schrauben können zudem die Form des Kopfes und des Gewindes sowie die Ausbildung der Schraubenspitze als Bohrspitze günstigen Einfluss auf das Spaltverhalten haben. Für derartig ausgebildete Schrauben einiger Hersteller sind bereits reduzierte Mindestabstände in den bauaufsichtlichen Zulassungen angegeben. Diese Abstände wurden bisher im Rahmen der Zulassung durch Versuche ermittelt. Systematische Untersuchungen zum Spaltverhalten von Holzbauteilen beim Eindrehen von selbstbohrenden Holzschrauben mit Vollgewinde führten Blaß et al. (2006) durch. Mit Schrauben unterschiedlicher Hersteller und Durchmesser wurde eine Vielzahl von Einschraubversuchen in Hölzern der Holzart Fichte/Tanne durchgeführt. Hierbei wurden die Mindestabstände wie für Nägel in vorgebohrten Hölzern nach Tabelle 10 der DIN 1052: 2004 gewählt, siehe Bild 2-2 und Tabelle 2-1. Als Ergebnis dieser sowie weiterer Untersuchungen konnten die in Tabelle 2-2 aufgeführten Mindestholzdicken ermittelt werden, die erforderlich sind, um ein Aufspalten der Hölzer beim Eindrehen der Schrauben zu verhindern.

Tabelle 2-2   Experimentell ermittelte Mindestholzdicken für unterschiedliche selbstbohrende Holzschrauben mit Vollgewinde bei Mindestabständen nach Tabelle 10 der DIN 1052 wie für vorgebohrte Nägel

Hersteller	Typ	d in mm	ρ_m in kg/m³	Anzahl Versuche	Mindestholzdicke t in mm		Einschränkungen
A	1	5	487	51	24	$4{,}8 \cdot d$	$a_{1,c} \geq 12 \cdot d,$ $a_1 \geq 5 \cdot d$
A	2	5	483	56	30	$6 \cdot d$	$a_{1,c} \geq 12 \cdot d,$ $a_1 \geq 5 \cdot d$
A	1	8	477	35	80	$10 \cdot d$	-
A	1	10	497	12	100	$10 \cdot d$	$a_{1,c} \geq 12 \cdot d,$ $a_1 \geq 5 \cdot d$
A	1	12	449	42	96	$8 \cdot d$	$a_{1,c} \geq 12 \cdot d,$ $a_1 \geq 5 \cdot d$
B	1	8	497	13	40	$5 \cdot d$	$a_{1,c} \geq 12 \cdot d,$ $a_1 \geq 5 \cdot d$
C	1	6	504	51	42	$7 \cdot d$	-
C	1	8	484	44	64	$8 \cdot d$	-
D	1	8,9	494	22	127	$14{,}3 \cdot d$	$a_{1,c} \geq 12 \cdot d,$ $a_1 \geq 5 \cdot d$

Mit den gleichen Schraubentypen führten Blaß et al. (2006) außerdem Tragfähigkeitsversuche an ein- und zweischnittigen Holz-Holz-Verbindungen durch. Erwartungsgemäß zeigte sich, dass unter Einhaltung der in Tabelle 2-2 angegebenen Randbedingungen die Verbindungen ohne ein Versagen der Hölzer hergestellt werden konnten. Das Ausmaß der beim Einschrauben an der Holzoberfläche beobachtbaren Risserscheinungen bestätigte die Ergebnisse der vorausgegangenen Einschraubversuche. Bei der Durchführung der Tragfähigkeitsversuche an doppelt symmetrischen Zug-Scherkörpern konnte bei einigen Konfigurationen ein frühzeitiges Versagen durch Aufspalten beobachtet werden. Dieses traf insbesondere bei einer einreihigen Anordnung der Verbindungsmittel zu. Die Versagenslasten lagen zum Teil deutlich unterhalb der Erwartungswerte der Tragfähigkeit.

Für auf Abscheren beanspruchte Schraubenverbindungen sind durch Einschraubversuche ermittelte Randbedingungen wie in Tabelle 2-2 nicht ausreichend. Es sind weitere theoretische oder experimentelle Untersuchungen notwendig, um das Verhalten der Verbindungen unter Belastung zu erfassen. Eine zutreffende rechnerische Ermittlung der Tragfähigkeit derart spaltgefährdeter Verbindungen setzt jedoch eine genaue Kenntnis der durch die Montage der Verbindungsmittel entstandenen Risserscheinungen voraus, da diese die Tragfähigkeit entscheidend beeinflussen.

3 Grundlagen zur Modellierung des Spaltverhaltens

3.1 Ziele der Untersuchungen und Vorgehensweise

Im Rahmen des Forschungsvorhabens wird das Spaltverhalten von Holz beim Einbringen von Verbindungsmitteln untersucht. Insgesamt soll eine Berechnungsmethode entwickelt werden, die das Spaltverhalten in Abhängigkeit von Verbindungsmittelabständen und Verbindungsmittelanordnungen abschätzt. Das angestrebte Modell soll es ermöglichen, die auftretenden Risslängen beim Einbringen der Verbindungsmittel zu ermitteln und zu beurteilen. Hiermit wird die Möglichkeit geschaffen, Mindestabstände und Mindestholzdicken für unterschiedliche Verbindungsmittel innerhalb von Anschlüssen oder Anschlusselementen zu berechnen. Der Versuchsaufwand kann somit erheblich reduziert werden, da lediglich bestätigende Versuche mit den ermittelten Parametern notwendig wären. Des Weiteren wird somit eine Grundlage für weitere Untersuchungen über die Auswirkungen der durch die Montage entstandenen Risse auf die Tragfähigkeit geschaffen.

Das Forschungsvorhaben ist in die folgenden drei Teile aufgeteilt:

Teil 1:   Entwicklung eines Rechenmodells

Teil 2:   Überprüfung des Modells und Erweiterung auf verschiedene
            Verbindungsmittelanordnungen

Teil 3:   Erweiterung des Rechenmodells auf verschiedene Verbindungsmittel

Im ersten Teil des Vorhabens wurden die Einflussfaktoren auf das Spaltverhalten sondiert und entsprechend ihrer Umsetzbarkeit in ein Modell beurteilt. Es wurde ein allgemeines numerisches Modell für ein Verbindungsmittel mit Hilfe der Methode der finiten Elemente entwickelt. Die Berechnungsergebnisse wurden durch erste Versuche verifiziert.

Im zweiten Teil des Vorhabens sind Versuche zur Kalibrierung und Erweiterung des Modells für mehrere Verbindungsmittel und verschiedene Vermindungsmittelanordnungen vorgesehen. Zur Überprüfung des erweiterten Modells sollen Berechnungen mit den Ergebnissen von Einschraubversuchen verglichen werden. Hierbei sollen zusätzlich verschiedene Verbindungsmittel sowie unterschiedliche Durchmesser und Anordnungen berücksichtigt werden. Des Weiteren sind Kriterien zur Beurteilung der im allgemeinen Modell ermittelten Risslängen in Bezug auf das Spaltverhalten des Bauteils beim Einbringen der Verbindungsmittel abzuleiten. Zur Quantifizierung der Einflüsse unterschiedlicher Verbindungsmitteldetails auf das Spaltverhalten sollen neue Prüfmethoden entwickelt werden.

Im dritten Teil des Vorhabens sind zur Anpassung des Modells für spezielle Verbindungsmittel Korrekturfaktoren zu ermitteln. Anschließend soll für diese Verbindungsmittel die tatsächliche Spaltgefahr bei bestimmten Anordnungen, Holzdicken und Abständen berechnet werden. Die Verifizierung der Ergebnisse ist durch Einschraubversuche mit den bestimmten Anordnungen und Abständen vorgesehen. Des Weiteren soll in Zug-Scherversuchen geprüft werden, wie sich die ermittelten Konfigurationen unter Belastung verhalten.

3.2   Sondierung der Einflussfaktoren auf das Spaltverhalten

Die Entwicklung eines Rechenmodells zur Ermittlung des Spaltverhaltens von Holz beim Einbringen von Verbindungsmitteln erfordert zunächst eine Sondierung der Einflussfaktoren auf das Aufspalten. Die in Abschnitt 2 aufgeführten geometrischen Einflüsse sind in einem Modell auf der Grundlage der Methode der finiten Elemente umsetzbar. Die Maße der Holzbauteile, die Abstände der Verbindungsmittel sowie ihre Anordnung im Anschlussbild können bei der Modellierung berücksichtigt werden. Die Berücksichtigung der materialspezifischen Einflüsse ist nur bedingt möglich. Die Auswirkung der Rohdichte auf das Spaltverhalten lässt sich nicht direkt über die Materialmodellierung erfassen. Die Rohdichte kann jedoch über ihre Korrelation mit den mechanischen Eigenschaften des Holzes bei der Zuweisung der Materialparameter der Elemente berücksichtigt werden. Die gleiche Beschränkung gilt für Einflüsse aus der Weite und Lage der Jahrringe sowie aus der Holzfeuchte.

Von den verbindungsmittelspezifischen Einflüssen lassen sich nur diejenigen im Modell implementieren, die unmittelbar mit der Geometrie des Verbindungsmittels in Zusammenhang stehen. Spaltreduzierende Effekte durch Spitzen-, Kopf-, Schaft- und Gewindeausbildung lassen sich nicht erfassen. Bei selbstbohrenden Holzschrauben kann somit insbesondere die Vorbohrwirkung nicht direkt erfasst werden. Diese hat jedoch einen wesentlichen Einfluss auf das Spaltverhalten beim Eindrehen.

Bereits bei den in Abschnitt 2 beschriebenen Untersuchungen zeigten Schrauben mit nahezu gleichen Außen- und Kerndurchmessern aufgrund ihrer Spitzen- und Kopfausbildung ein signifikant unterschiedliches Spaltverhalten beim Eindrehen. Dieses wird auch durch die Unterschiede in den erforderlichen Mindestholzdicken deutlich (siehe Tabelle 2-2). Die Merkmale an Schraubenkopf, Schaft, Gewinde und Schraubenspitze sind je nach Hersteller sehr unterschiedlich ausgeprägt und weisen teilweise eine komplexe Geometrie auf, siehe Bild 3-1 bis Bild 3-3.

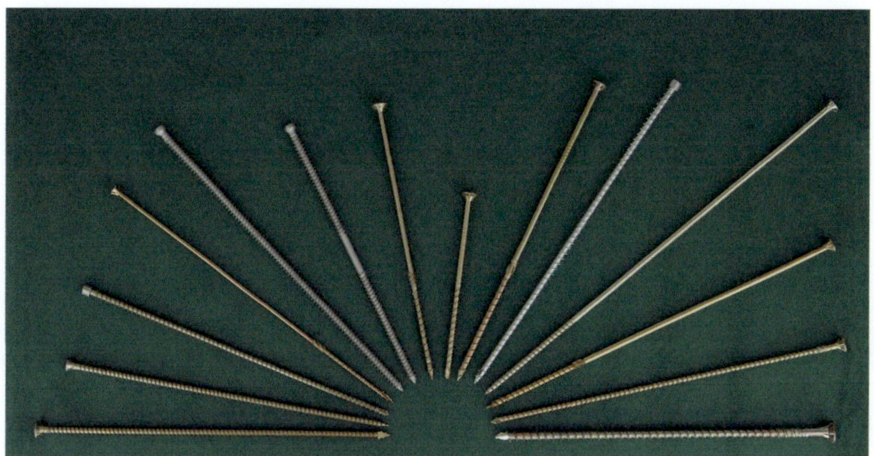

Bild 3-1   Unterschiedliche Typen selbstbohrender Holzschrauben

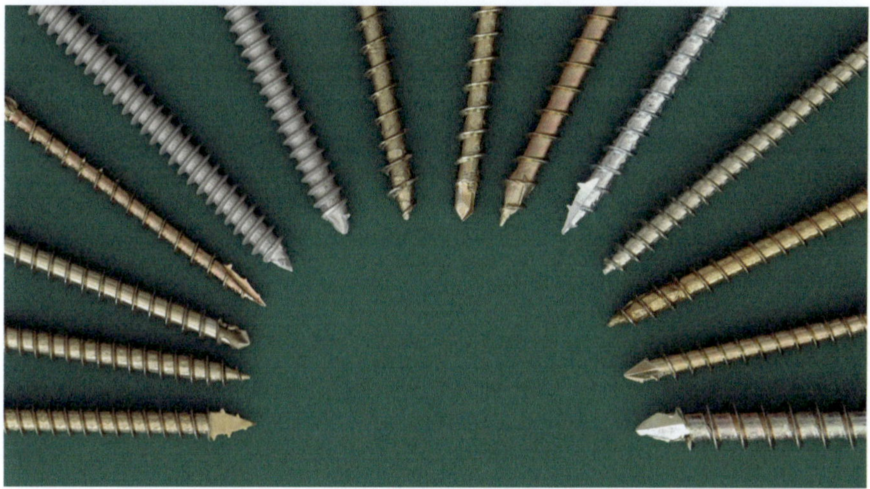

Bild 3-2   Ausbildung von Schraubenspitzen bei unterschiedlichen Typen selbstbohrender Holzschrauben

Bild 3-3   Ausbildung von Schraubenköpfen bei unterschiedlichen Typen
                  selbstbohrender Holzschrauben

Eine genaue Differenzierung und Quantifizierung der Einflüsse einzelner Schraubenmerkmale auf das Spaltverhalten ist im Rahmen der üblichen Einschraubversuche nicht möglich. Diese Erkenntnisse sind jedoch für eine realitätsgetreue Ermittlung des Spaltverhaltens erforderlich. Daher wurde zur Abschätzung der Wirkung von Schraubenmerkmalen auf das Spaltverhalten eine Versuchseinrichtung entwickelt, die in Kapitel 4 beschrieben wird. Mit der Versuchseinrichtung ist es möglich, während des Einschraubvorgangs Kräfte zu ermitteln, die für das Aufspalten des Holzes zur Verfügung stehen. Ob die experimentell ermittelten Kräfte mit den tatsächlichen „Spaltkräften" quantitativ übereinstimmen, lässt sich erst durch weitere Untersuchungen abschließend klären. Jedoch stellt die entwickelte Versuchseinrichtung die Grundlage für eine Prüfmethode zur qualitativen Ermittlung der verbindungsmittelspezifischen Einflüsse dar. Die Prüfmethode soll im zweiten Teil des Forschungsvorhabens weiterentwickelt werden.

3.3 Vorüberlegungen zur Entwicklung des Rechenmodells

Numerische Methoden verbunden mit der stetig steigenden Leistung elektronischer Rechenanlagen ermöglichen es heute, auch komplizierte Strukturen und komplexe Problemstellungen rechnerisch zu lösen. Insbesondere die Methode der finiten Elemente hat in den letzten Jahren an Bedeutung gewonnen. Sie wird zur Lösung sowohl strukturmechanischer als auch dynamischer Problemstellungen eingesetzt. Auch zur Lösung von Ingenieuraufgaben und wissenschaftlichen Problemstellungen im Holzbau wird die Finite-Elemente-Methode verwendet. Hierzu müssen die mechanischen Eigenschaften des Holzes durch die Materialgesetze der zur Verfügung stehenden Elemente erfasst werden. Dieses ist mit den in den derzeit verfügbaren kommerziellen Finite-Elemente-Programmen (z. B. ANSYS oder ABAQUS) implementierten Elementen nicht problemlos möglich.

Die Steifigkeits- und Festigkeitseigenschaften des Holzes unterscheiden sich aufgrund seines anatomischen Aufbaus in radialer, tangentialer und longitudinaler Richtung (rhombische Anisotropie). Bei Druckbeanspruchung weist Holz zum Beispiel ein plastisches Last-Verformungsverhalten auf. Diesem steht ein sprödes Last-Verformungsverhalten bei Zugbeanspruchung entgegen. Des Weiteren bestehen deutliche Unterschiede in der Größe der Steifigkeits- und Festigkeitskennwerte zwischen einer Beanspruchung in Faserrichtung und einer Beanspruchung rechtwinklig zur Faserrichtung.

Die in den genannten Finite-Elemente-Programmen implementierten Elemente erlauben die Verwendung von Materialgesetzen für anisotropes bzw. orthotropes Materialverhalten. Das orthotrope Materialverhalten kann mit linear-elastischem oder nicht-linearem Last-Verformungsverhalten kombiniert werden. Eine Kombination aus linear-elastischem und nicht-linearem Last-Verformungsverhalten in Abhängigkeit der Beanspruchungsrichtung ist für orthotropes Materialverhalten nicht gleichzeitig möglich. Folglich ist mit den Materialgesetzen, die für die Elemente der genannten Programme zur Verfügung stehen, eine realitätsgerechte Modellierung aller relevanten Materialeigenschaften des Holzes bei Druck- und Zugbeanspruchungen nicht umsetzbar.

Zurzeit werden in Forschungsarbeiten neue Werkstoffmodelle für Finite-Elemente-Berechnungen entwickelt, die eine realitätsnahe Modellierung von Holz ermöglichen sollen (Fleischmann, Krenn et al. (2007), Schmidt und Kaliske (2006), Fleischmann (2005), Schmidt et al. (2004), Schmidt und Kaliske (2003)). Jedoch stehen diese Werkstoffmodelle für die kommerziellen FE-Programme zurzeit noch nicht zur Verfügung.

Es gilt folglich ein Modell zu entwickeln, das trotz der Einschränkungen bei den Werkstoffgesetzen eine hinreichende Beschreibung des Materialverhaltens erlaubt.

Des Weiteren muss eine Möglichkeit gefunden werden, den Einschraubvorgang in der Berechnung zu berücksichtigen. Eine direkte Umsetzung des Einschraubvorgangs in ein FE-Modell ist zurzeit praktisch nicht möglich. Darüber hinaus stellt die Erfassung der Wirkungsweise von Schraubenmerkmalen wie Bohrspitzen, Kopfausbildungen und Fräsrippen eine besondere Schwierigkeit dar. Zur Berücksichtigung dieser für das Spaltverhalten wichtigen und teils maßgebenden Eigenschaften bei den Simulationsrechnungen wurde ein kombiniertes Lösungsverfahren gewählt.

Im ersten Schritt werden auf Grundlage einiger weniger Versuche spezifische Ersatzlasten für die jeweiligen Holzschrauben bestimmt, die das Spaltverhalten charakterisieren. Hierzu wurde eine Versuchseinrichtung entwickelt, mit der Kräfte gemessen werden können, die beim Einschrauben auf das Holz wirken und das Aufspalten verursachen, siehe Abschnitt 4.1 und 4.2. Die Ersatzlast wird aus den Versuchsergebnissen mit Hilfe der in Abschnitt 4.4 beschriebenen FE-Berechnungen ermittelt. Die Berechnung des Rissverhaltens erfolgt an FE-Modellen, bei denen die berechneten Ersatzlasten als Belastung angesetzt werden. Hierdurch wird der Einschraubvorgang abgebildet. Das Werkstoffverhalten des Holzes bei Querzugbeanspruchung wird bei den gewählten FE-Modellen durch nicht-lineare Federelemente abgebildet. In Kapitel 5 werden die Modellbildung sowie die Simulationsergebnisse und ihre Verifizierung erläutert.

4 Einschraubversuche zur Ermittlung von Spaltkräften

4.1 Versuchseinrichtung

Um insbesondere die verbindungsmittelspezifischen Einflüsse auf das Spaltverhalten qualitativ und quantitativ ermitteln zu können, wurde eine Versuchseinrichtung für Einschraubversuche entwickelt. Hierzu wird die zu untersuchende Schraube in einen Prüfkörper aus Voll- oder Brettschichtholz eingeschraubt. Der Prüfköper selbst besteht aus zwei Teilen, die durch faserparallele Auftrennung aus einem Querschnitt hergestellt werden. Der Sägeschnitt weist eine Breite von ca. 4 mm auf. Anschließend werden die beiden Prüfkörperhälften mit Messschrauben verbunden (siehe Bild 4-1). Hierbei werden die Messschrauben mit einer definierten Vorspannung angezogen. Die Messschrauben verfügen über ein metrisches Gewinde. Innerhalb einer Bohrung entlang der Längsachse der Schraube wurde ein Dehnmessstreifen appliziert, so dass die Axialdehnung der Schraube gemessen werden kann. Die Messschraube verfügt im Bereich des applizierten Dehnmessstreifens über einen reduzierten Querschnitt, um die Messung der Dehnungen sicherzustellen. Die Prüfkörpergeometrie ist in Bild 4-2 dargestellt.

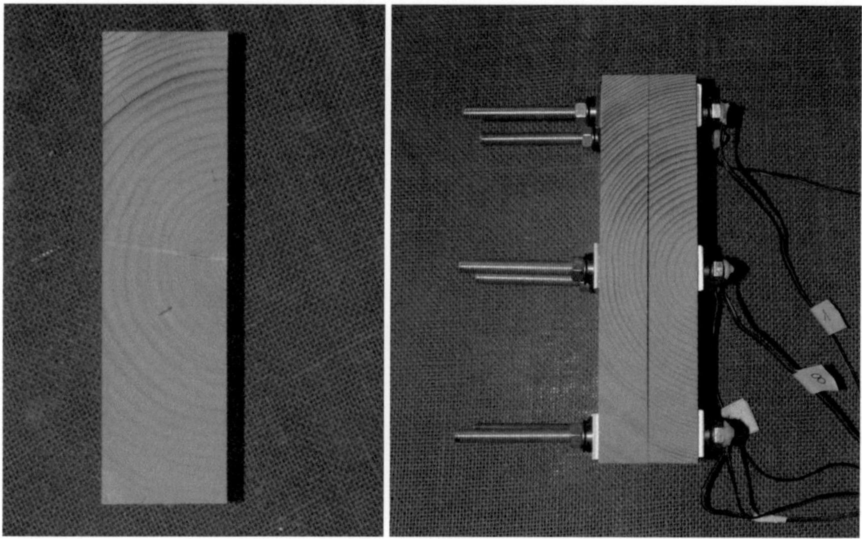

Bild 4-1   Prüfkörper für Einschraubversuche vor dem Auftrennen und nach dem Auftrennen mit Messschrauben (ohne Vorspannung)

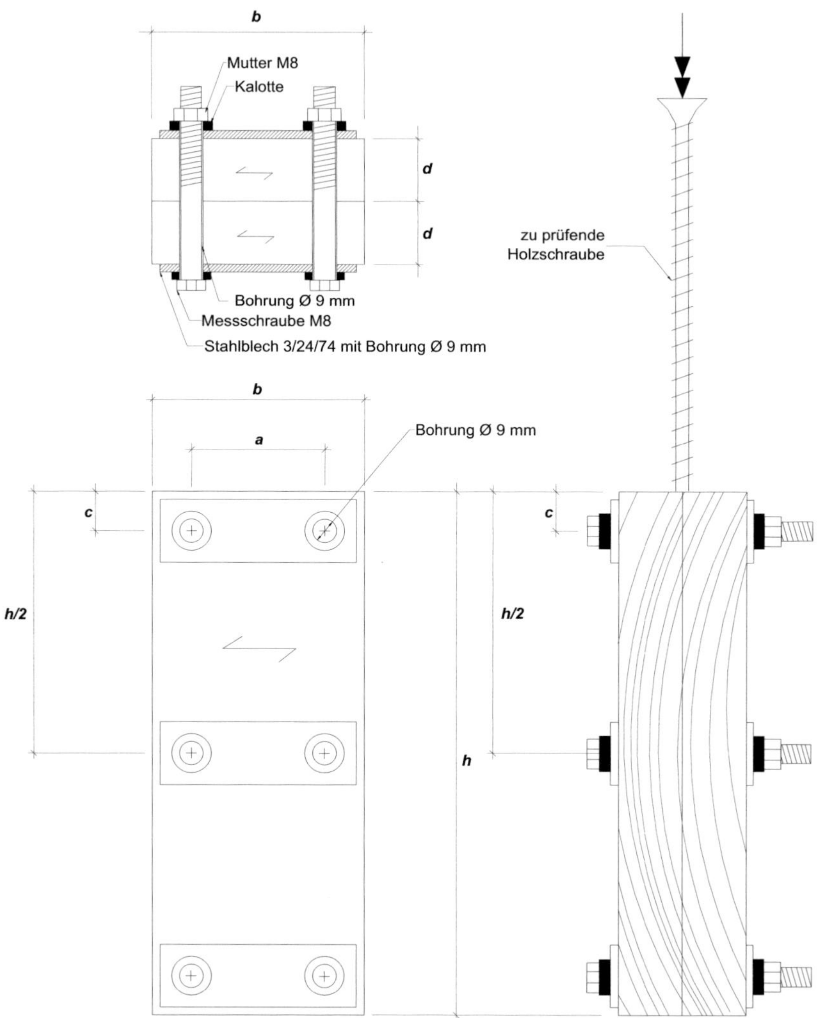

Reihe	c in mm	a in mm	h in mm	b in mm	d in mm
A-1, B-1, C-1	15	50	180	80	24
A-2, B-2, C-2	15	50	200	80	24
A-3, B-3, C-3	15	50	200	80	24

Bild 4-2   Prüfkörpergeometrie in Ansichten und Schnitt

Die zu prüfende Holzschraube wird zwischen die beiden durch die Messschrauben zusammen gespannten Prüfkörperhälften eingeschraubt. Durch den Einschraubvorgang entstehen Kräfte, die rechtwinklig zur Schraubenachse und zur Faserrichtung der Prüfkörperhälften wirken. Die Kräfte drücken die beiden Prüfkörperhälften auseinander. Hierdurch werden Zugkräfte in die Messschrauben eingeleitet. Die resultierenden Dehnungen der Schraube werden mit Hilfe der Dehnmessstreifen gemessen und können mit der Dehnsteifigkeit der Messschraube wiederum in Kräfte umgerechnet werden. Zur Kalibrierung wurde auf jede Messschraube mittels einer Prüfmaschine eine definierte Zugbelastung aufgebracht. Die Zugkräfte wurden mit einer Kraftmessdose (Messbereich bis 10 kN) kontinuierlich gemessen. Gleichzeitig wurden die Dehnungen in der Messschraube aufgezeichnet. Aus dem Kraft-Dehnungsdiagramm wurde der Proportionalitätsfaktor bestimmt, mit dem es möglich ist, im späteren Versuch die Dehnungen in Kräfte umzurechnen.

Der Einschraubvorgang in die Prüfkörper erfolgte mit einer SCHATZ-Einschraubvorrichtung. Hierdurch ist während des Einschraubvorgangs eine konstante Umdrehungsanzahl gewährleistet. Das Einschraubdrehmoment sowie die Einschraubtiefe werden während des Einschraubens kontinuierlich gemessen.

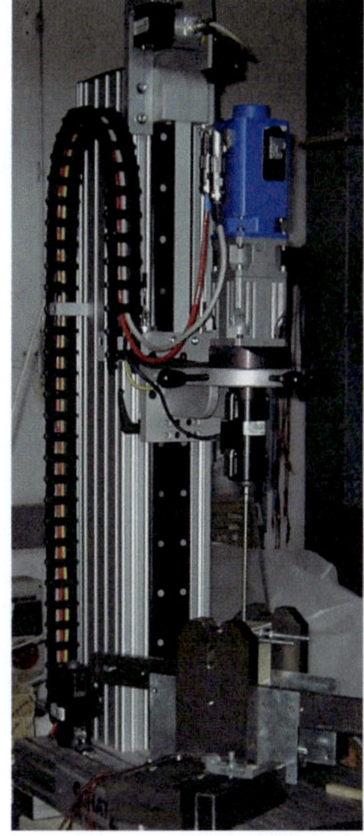

Bild 4-3   Einschraubvorrichtung - Schraubenprüfmaschine

Um eine exakte Führung der Schraube während des Einschraubens zu gewährleisten, wird die Schraube mit Hilfe einer Führungsschablone oberhalb des Prüfköpers ausgerichtet. Der Prüfkörper wird so gelagert, dass beim Einschrauben entstehende Torsionskräfte aufgenommen werden können. Durch Verwendung von Gleit- und Rollenlagern werden Reibungseinflüsse auf die Verschiebung in Kraftrichtung (rechtwinklig zur Faserrichtung) weitgehend verhindert. Hierdurch soll sichergestellt werden, dass die Dehnungs- bzw. Kraftmessung möglichst nicht beeinträchtigt wird.

Bild 4-4   Versuchseinrichtung, Schablonen zur Führung der Schraube

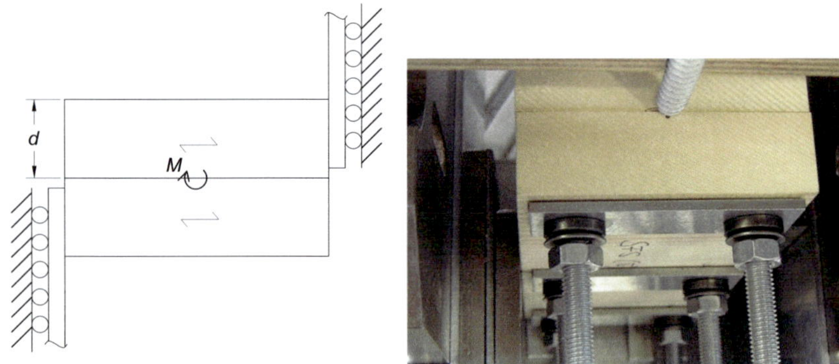

Bild 4-5   Lagerung des Prüfkörpers

Nach Abschluss des Einschraubvorgangs wird am geöffneten Prüfkörper beurteilt, ob die Schraube gleichmäßig in beide Prüfkörperhälften eingeschraubt wurde. Als objektives Kriterium werden hierzu die plastischen Verformungen gemessen. Diese stellen die Eindringtiefe des Kernquerschnitts in die jeweiligen Prüfkörperhälften dar, welche im Idealfall gleich groß sein sollten. In Tabelle 9-10 bis Tabelle 9-18 des Anhangs 9.1 sind die gemessenen Eindrücktiefen dokumentiert. Außerdem ist eine Beurteilung bezüglich der Verwendbarkeit angegeben.

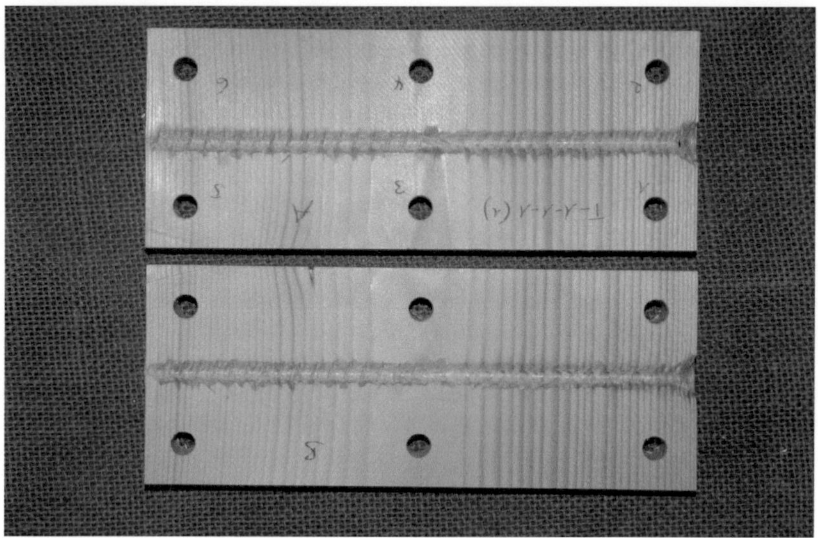

Bild 4-6   Prüfkörper nach der Versuchsdurchführung

4.2 Experimentelle Ermittlung der Spaltkräfte beim Einschrauben

Mit Hilfe der in Abschnitt 4.1 beschriebenen Versuchseinrichtung wurden in ersten Versuchsreihen Schrauben unterschiedlicher Hersteller geprüft. Pro Versuchsreihe waren 10 planmäßige Versuche vorgesehen. Eine Übersicht über die Versuchskonfigurationen ist in Tabelle 4-1 zusammengestellt. Die Prüfkörper wurden so ausgewählt, dass Prüfkörper mit gleichen Eigenschaften für Versuche mit unterschiedlichen Schraubentypen eingesetzt wurden. Hierzu wurden drei Prüfkörper unmittelbar hintereinander aus einer Bohle der Holzart Fichte hergestellt und den Reihen A, B und C zugeordnet. Es ist davon auszugehen, dass diese Prüfkörper über gleiche bis ähnliche Eigenschaften bezüglich der Rohdichte, der Jahrringbreiten, der Jahrringlagen sowie der Elastizitätsmoduln verfügen. Durch Vergleiche innerhalb der jeweiligen Versuchsreihen (1, 2, 3) sollte somit insbesondere der Einfluss des Schraubentyps auf die gemessenen Kräfte ermittelt werden. In den Versuchsreihen A-1 bis C-1 wird die Schraube durch den Prüfkörper hindurchgeschraubt, so dass die Spitze der Schraube nach dem Versuch außerhalb des Prüfkörpers liegt. Die Einschraubtiefe ist demnach größer als die Prüfkörperhöhe. Dieses entspricht der üblichen Anwendung für die außen liegenden Bauteile eines Anschlusses (z. B. Seitenhölzer). Außerdem werden Effekte berücksichtigt, die beim Austreten der Schraubenspitze aus dem Holz auftreten. Die Reihen A-2 bis C-2 sowie A-3 bis C-3 wurden zu Vergleichszwecken durchgeführt. In diesen Versuchsreihen befindet sich die Schraubenspitze aufgrund der Prüfkörperhöhe nach Abschluss des Einschraubvorganges innerhalb des Prüfkörpers. Des Weiteren wurde in diesen Reihen der Einfluss der Rohdichte auf die ermittelten Kräfte untersucht.

Tabelle 4-1   Versuche zur Ermittlung der Spaltkraft f. Schraubentypen A, B und C

Reihe	Hersteller	Schraubenmaße in mm	Prüfkörpermaße $b/d/h$ in mm	Versuchsanzahl gesamt	verwertbar
A-1	A	8.0 x 200 (188)	80/24/180	10	9
B-1	B	8.0 x 200 (195)	80/24/180	10	8
C-1	C	8.0 x 200 (198)	80/24/180	10	7
A-2	A	8.0 x 200 (188)	80/24/200	14	9
B-2	B	8.0 x 200 (195)	80/24/200	10	10
C-2	C	8.0 x 200 (198)	80/24/200	10	10
A-3	A	8.0 x 200 (188)	80/24/200	13	6
B-3	B	8.0 x 200 (195)	80/24/200	10	7
C-3	C	8.0 x 200 (198)	80/24/200	10	8

In Tabelle 9-1 bis Tabelle 9-9 sind die Prüfkörpereigenschaften der jeweiligen Versuche zusammengestellt. Die Elastizitätsmoduln wurden vor dem Zuschneiden der Prüfkörper an den Bohlenabschnitten mittels Schwingungsmessung bestimmt. Mit den Versuchsreihen 2 und 3 sollte der Einfluss der Prüfkörperrohdichte auf die ermittelten Kräfte eingeschätzt werden. In der Versuchsreihe 2 wurde daher eine mittlere Rohdichte von 380 bis 390 kg/m³ angestrebt. In der Versuchsreihe 3 betrug die mittlere Rohdichte um 500 kg/m³. Bei allen Versuchsreihen wurden die Messschrauben mit 100 N pro Messschraube vorgespannt. Die Holzschrauben wurden mit einer konstanten Drehzahl von 50 min⁻¹ eingedreht. In Bild 4-8 bis Bild 4-10 werden die Messwerte an den Messschrauben 1 bis 6 über den Einschraubweg am Beispiel von je einem typischen Versuch aus den Reihen A-1, B-1 und C-1 dargestellt. Die Zuordnung der Bezeichnungen der Messpunkte kann Bild 4-7 entnommen werden.

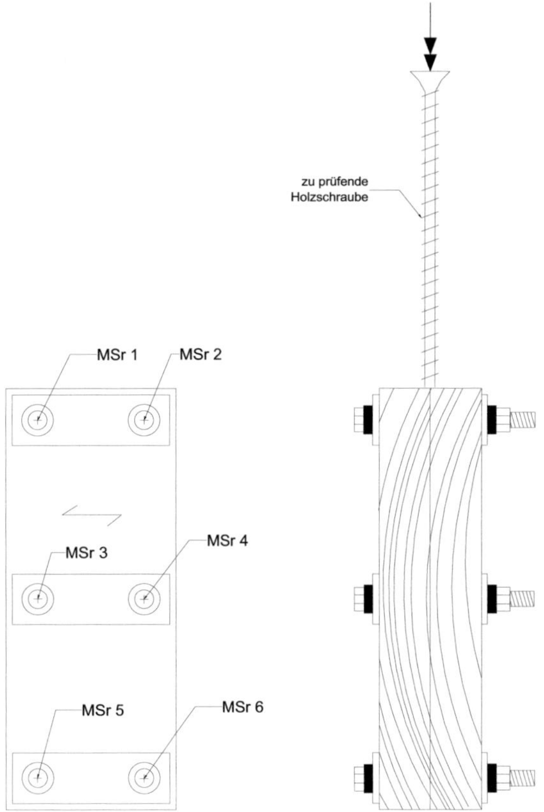

Bild 4-7   Bezeichnung der Messpunkte/Messschrauben (MSr)

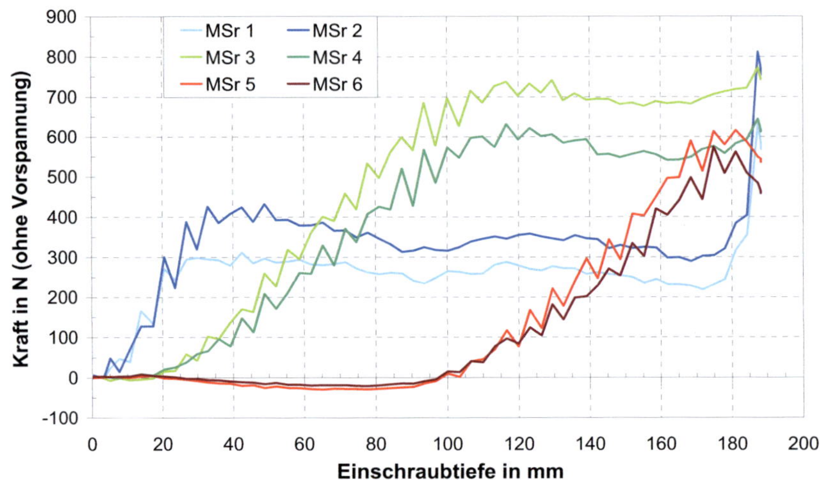

Bild 4-8   Gemessene Kräfte an den Messschrauben 1 bis 6 in Abhängigkeit von der Einschraubtiefe für Versuch A-1.9

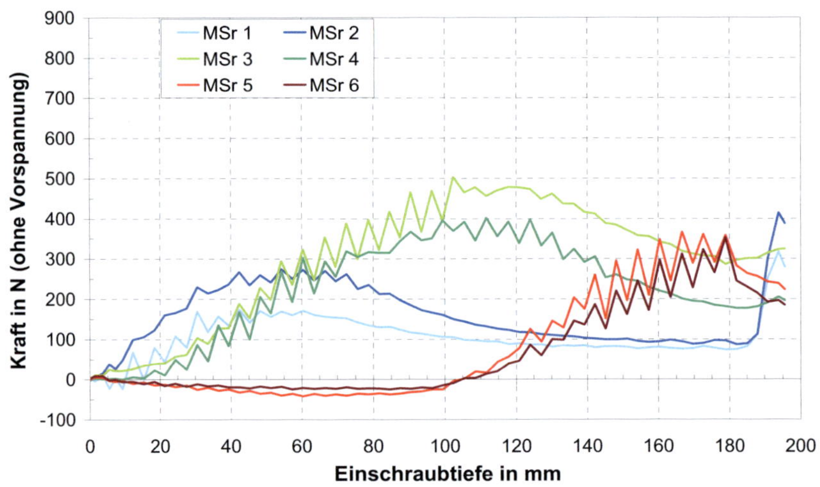

Bild 4-9   Gemessene Kräfte an den Messschrauben 1 bis 6 in Abhängigkeit von der Einschraubtiefe für Versuch B-1.8

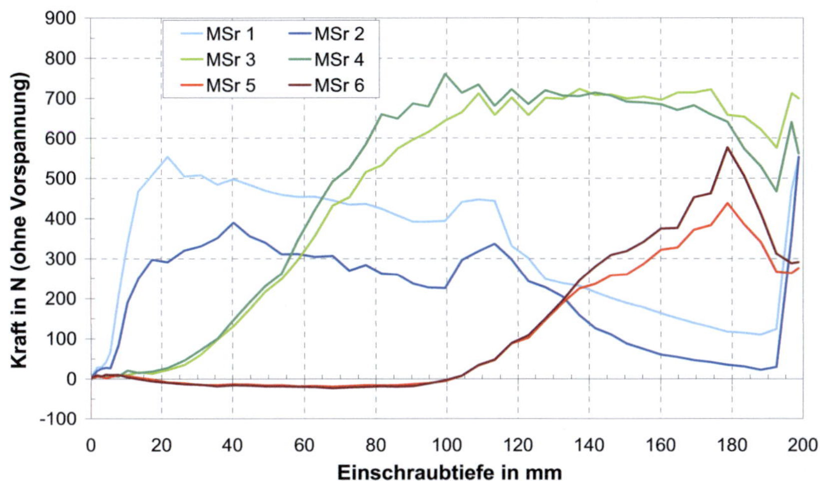

Bild 4-10   Gemessene Kräfte an den Messschrauben 1 bis 6 in Abhängigkeit von der Einschraubtiefe für Versuch C-1.5

Die sehr oszillierenden Verläufe der Kräfte in den Messschrauben bei den Versuchen der Reihen A und B (siehe Bild 4-8 und Bild 4-9) sind auf die Ausbildung der Schraubenspitze zurückzuführen. Diese Schrauben verfügen über eine ausgeprägte Bohrspitze, deren Geometrie so ausgebildet ist, dass sie im Querschnitt eher eine gedrungene rhomboide bzw. ovale Form aufweisen. Folglich werden je nach Position der Bohrspitze unterschiedlich große Kräfte rechtwinklig zur Faserrichtung auf das Holz ausgeübt. An den Spitzen der Schrauben der Reihe C sind lediglich Fräsrippen ausgebildet, so dass die Querschnittsfläche der Schraube in diesem Bereich kreisförmig ist. Die Graphen der Kräfte beim Eindrehen zeigen einen im Vergleich glatteren Verlauf. Im Bereich zwischen einer Einschraubtiefe von 100 bis 120 mm weisen die Messkurven für die Messpunkte 1 und 2 ein lokales Maximum auf, siehe Bild 4-10. Dieses ist die Auswirkung eines Reibschaftes, der bei dieser Schraube zwischen Gewinde und glattem Schaftbereich angeordnet ist.

Für die Messschrauben 5/6 kann bei allen Versuchen im Bereich bis zu einer Einschraubtiefe von 100 mm ein geringfügiges Absinken der Kräfte beobachtet werden. Durch das Einschrauben wird der Prüfkörper zunächst im oberen Bereich auseinander gedrückt. Hieraus resultiert eine leichte Verdrehung der Prüfköperhälften. Im unteren Bereich werden die Prüfkörperhälften entsprechend gegeneinander gedrückt, so dass die Kräfte in den Messschrauben leicht unter das Vorspannungsniveau von 100 N absinken.

Auf den letzten 5 bis 10 mm vor Erreichen der maximalen Einschraubtiefe kann ein signifikanter Anstieg der Kräfte an den Messstellen 1 und 2 beobachtet werden. Dieser Anstieg ist auf das Versenken des Schraubenkopfes zurückzuführen und kann bei allen Schraubentypen beobachtet werden. Die Größe des Anstieges ist abhängig von der Kopfform und der Ausbildung spaltkraftreduzierender Merkmale wie z. B. Kopfrippen. Bei den Schrauben mit Senkkopf der Reihen A und C ist der Zuwachs deutlich größer als bei den Schrauben der Reihe B, die über einen Zylinderkopf verfügen. Dieser verdrängt beim Versenken weniger Holz und stanzt sich stattdessen unter Abscheren der Fasern in die Holzoberfläche ein.

Nach Abschluss der Einschraubversuche wurden die Eindrücktiefen (plastische Verformungen) an den Prüfkörperhälften gemessen und beurteilt, ob der Versuch für die weitere Auswertung herangezogen werden kann. Es zeigte sich, dass ein Einschrauben mit völlig symmetrischen Eindrücktiefen nicht immer möglich ist. Bei einigen Versuchen waren Schrauben beim Eindrehen teilweise in eine Prüfkörperhälfte verlaufen. Die Ergebnisse dieser Versuche wurden durch Vergleiche auf Basis der Last-Einschraubweg-Diagramme beurteilt und gegebenenfalls ihre Verwendung zugelassen. Des Weiteren ist zu berücksichtigen, dass die Eindrücktiefen lediglich punktuell an drei Messstellen gemessen wurden. In der Regel wird der Prüfkörper beim Einschrauben im Bereich der Holzschraube auch elastisch verformt. Die elastischen Verformungsanteile werden nach dem Lösen der Messschrauben wieder abgebaut. Insgesamt wurde daher die Qualität der jeweiligen Versuche auf Grundlage einer ganzheitlichen Betrachtung beurteilt.

Die Ergebnisse der Prüfkörperbeurteilungen sind für die Versuchsreihen A-1 bis C-3 in Tabelle 9-10 bis Tabelle 9-18 zusammengefasst. Neben den Eindrücktiefen sind zusätzlich die Rohdichten für beide Prüfkörperhälften sowie die Holzfeuchte angegeben. Die Prüfkörper wurden bis zur Versuchsdurchführung bei Normalklima 20/65 nach DIN 50014 (Lufttemperatur 20°C, relative Luftfeuchtigkeit 65 %) gelagert. Bei der Versuchsdurchführung lag der Mittelwert der Holzfeuchte für die Prüfkörperhälften in den einzelnen Versuchsreihen zwischen u = 12,6 % und u = 13,8 %.

In Bild 9-1 bis Bild 9-27 sind die Versuchsergebnisse der Versuchsreihen für die Messpunkte 1 und 2, 3 und 4 sowie 5 und 6 dargestellt. Die Diagramme zeigen die Mittelwerte der Messungen der zusammengehörigen Messpunkte für jeden verwertbaren Einzelversuch. Die angegebenen Kräfte beziehen sich auf eine Messschraube. Des Weiteren sind in Bild 9-28 bis Bild 9-36 die Ergebnisse als arithmetische Mittel aus den jeweiligen Einzelversuchen einer Versuchsreihe dargestellt. Alle Kraft-Weg-Diagramme zeigen die Versuchsergebnisse ohne Berücksichtigung der Vorspannung in Höhe von 100 N pro Messschraube.

4.3 Direkte Beurteilung des Spaltverhaltens beim Einschrauben

Die entwickelte Prüfmethode ermöglicht es, das Spaltverhalten der Schrauben direkt aus den Versuchsergebnissen zu beurteilen. Hierzu können z. B. Vergleichsversuche mit einer Referenzschraube durchgeführt werden, für die das Spaltverhalten des Holzes bekannt ist. Um die Ergebnisse der unterschiedlichen Versuchsreihen vergleichen zu können, wird die mittlere Gesamtkraft ermittelt. Dieses ist die Summe der an den Messschrauben gemessenen Kräfte, die über die Schraubennennlänge gemittelt wird, vgl. Gleichung (2).

$$F_{m,tot} = \frac{1}{\ell_{nom}} \int_0^{\ell} \left(F_{MSr,1}(x) + F_{MSr,2}(x) + \ldots + F_{MSr,i}(x) + \ldots + F_{MSr,n}(x) \right) dx \qquad (2)$$

mit

ℓ_{nom} Nennlänge der Schraube in mm

$F_{MSr,i}(x)$ Wert der gemessenen Kraft an der i-ten Messschraube in N

In Tabelle 4-2 sind die Mittelwerte der mittleren Gesamtkraft $F_{m,tot}$ für die jeweiligen Versuchsreihen aufgeführt. Des Weiteren ist die mittlere Rohdichte ρ_m der Prüfkörper vor dem Auftrennen und deren mittlerer Elastizitätsmodul angegeben. $\rho_{AB,m}$ ist die mittlere Rohdichte der Prüfkörperhälften nach dem Auftrennen.

Eine Betrachtung der Schraube des Herstellers A als Referenzschraube ermöglicht einen Vergleich zwischen den ermittelten mittleren Gesamtlasten und den in den Einschraubversuchen (siehe Tabelle 2-2) ermittelten Mindestholzdicken. Hierzu werden in Tabelle 4-3 die Gesamtkraft und die Mindestholzdicke für den Schraubentyp A als Referenzwerte herangezogen und jeweils im Index zu 100 % gesetzt. Des Weiteren ist in Tabelle 4-3 der Quotient $F_{m,tot}$ / t aufgeführt.

Es zeigt sich eine gute Übereinstimmung der Ergebnisse der beiden experimentellen Methoden. Zur Verdeutlichung ist eine graphische Aufbereitung der Indexdarstellung dem Balkendiagramm in Bild 4-11 zu entnehmen. Durch Vergleich der gemessenen Kräfte mit den Messwerten für eine Referenzschraube, deren Spaltwirkung bekannt ist, kann somit direkt auf die erforderlichen Mindestholzdicken geschlossen werden. Voraussetzung hierfür ist, dass für die Versuche mit den beiden Schraubentypen pro Versuch jeweils Prüfkörper mit den gleichen Eigenschaften (Rohdichte, Elastizitäts- und Schubmodul sowie Jahrringlage und Jahrringweite) verwendet werden. Die Referenzschraube und die zu prüfende Schraube sollten die gleiche Nennlänge und den gleichen oder einen ähnlichen Nenndurchmesser aufweisen. Des Weiteren sollten keine gravierenden Geometrieunterschiede bezüglich der Kopf- und Spitzenausbildung vorliegen, so dass beim Einschrauben die lokalen Maxima der gemessenen Kräfte qualitativ in einer ähnlichen Position bezüglich des Einschraubwegs auftreten.

Tabelle 4-2   Mittlere Gesamtkraft in den Versuchsreihen

Reihe	Versuchsanzahl		Rohdichte in kg/m³		$E_{0,dyn,mean}$ in N/mm²	mittlere Gesamtkraft $F_{m,tot}$ in N
	gesamt	verwertbar	ρ_m	$\rho_{AB,m}$		
A-1	10	9	453	454	12511	1646
B-1	10	8	454	460	12659	886
C-1	10	7	460	460	13102	1466
A-2	14	9	378	377	10249	1003
B-2	10	10	391	393	11195	595
C-2	10	10	387	388	11195	908
A-3	13	6	506	504	13691	1689
B-3	10	7	507	498	13688	1013
C-3	10	8	502	502	13898	1576

$E_{0,dyn,mean}$ Mittlerer dynamischer Elastizitätsmodul parallel zur Faser, ermittelt durch Längsschwingung am Ausgangsmaterial der Prüfkörper

$F_{m,tot}$ mittlere Gesamtkraft, ermittelt an den Messschrauben 1 bis 6 (ohne Vorspannung)

Tabelle 4-3   Vergleich zwischen mittlerer Gesamtkraft und Mindestholzdicke

Reihe	mittlere Gesamtkraft		Mindestholzdicke		$F_{m,tot}$ / t in N/mm
	$F_{m,tot}$ in N	Index für $F_{m,tot}$	t in mm	Index für t	
A-1	1646	100 %	$10 \cdot d$	100 %	20,6
B-1	886	54 %	$5 \cdot d$	50 %	22,2
C-1	1466	89 %	$8 \cdot d$	80 %	22,9
A-2	1003	100 %	$10 \cdot d$	100 %	12,5
B-2	595	59 %	$5 \cdot d$	50 %	14,9
C-2	908	91 %	$8 \cdot d$	80 %	14,2
A-3	1689	100 %	$10 \cdot d$	100 %	21,1
B-3	1013	60 %	$5 \cdot d$	50 %	25,3
C-3	1576	93 %	$8 \cdot d$	80 %	24,6

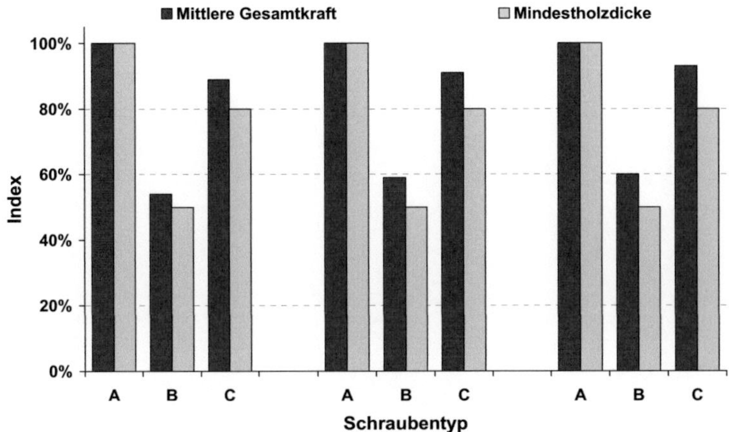

Bild 4-11   Vergleich zwischen mittlerer Gesamtkraft und Mindestholzdicke für die verschiedenen Versuchsreihen

In Bild 4-12 ist für die Versuchsreihen 2 und 3 die mittlere Gesamtkraft $F_{m,tot}$ über die Rohdichte der Prüfkörper $\rho_{AB,m}$ dargestellt. Die Ergebnisse der Versuchsreihe 1 können aufgrund von Abweichungen bezüglich der Prüfkörpergeometrie (180 mm Prüfkörperhöhe) und der Versuchsdurchführung (Einschraubtiefe > Prüfkörperhöhe) nicht direkt mit den Ergebnissen der Reihen 2 und 3 verglichen werden.

Für alle drei Schraubentypen zeigt sich eine Zunahme der ermittelten Gesamtkräfte mit höherer Rohdichte. Die Steigungen der drei Regressionsgeraden sind etwas unterschiedlich. Eine Auswertung der Grundgesamtheit aller verwendbaren Versuche der Reihen 2 und 3 lässt die Annahme einer parabolischen Abhängigkeit der Gesamtkraft von der Rohdichte zu. Korrigierte Werte der mittleren Gesamtkraft $F_{m,tot,corr}$ können mit Hilfe der Gleichung (3) ermittelt werden.

$$F_{m,tot,corr} = F_{m,tot} \left(\frac{\rho_{bez}}{\rho} \right)^{n} \tag{3}$$

mit

$n = 2$ für Schraubentypen A, B und C

Der Zusammenhang zwischen den korrigierten Gesamtlasten $F_{m,tot,corr}$ und der Rohdichte wird in Bild 4-13 gezeigt. Für die Versuche der Reihe 1 mit den Schraubentypen A, B und C bestätigt sich die Korrektur von $F_{m,tot}$ in Abhängigkeit von der Rohdichte gemäß Gleichung (3), wie in Bild 4-14 verdeutlicht wird. Die Bezugsrohdichte wurde für beide Auswertungen zu $\rho_{bez} = 450$ kg/m³ gewählt.

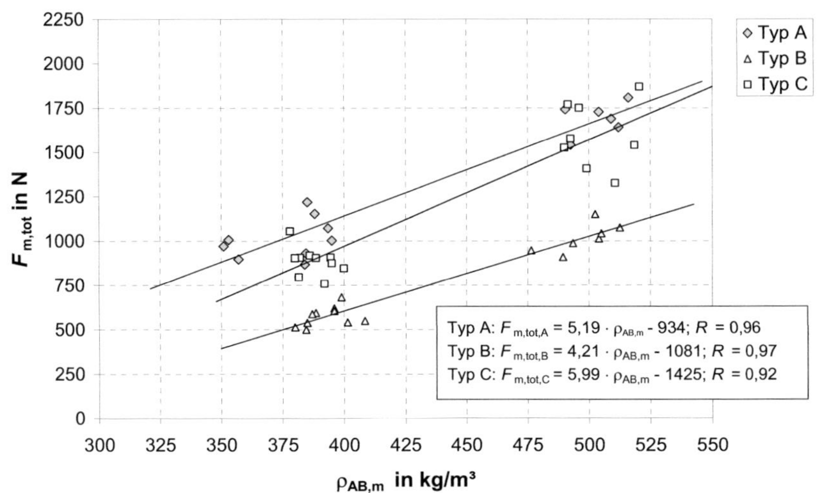

Bild 4-12   Mittlere Gesamtkraft $F_{m,tot}$ aus den Einzelversuchen der Reihen 2 und 3 in Abhängigkeit von der Prüfkörperrohdichte $\rho_{AB,m}$

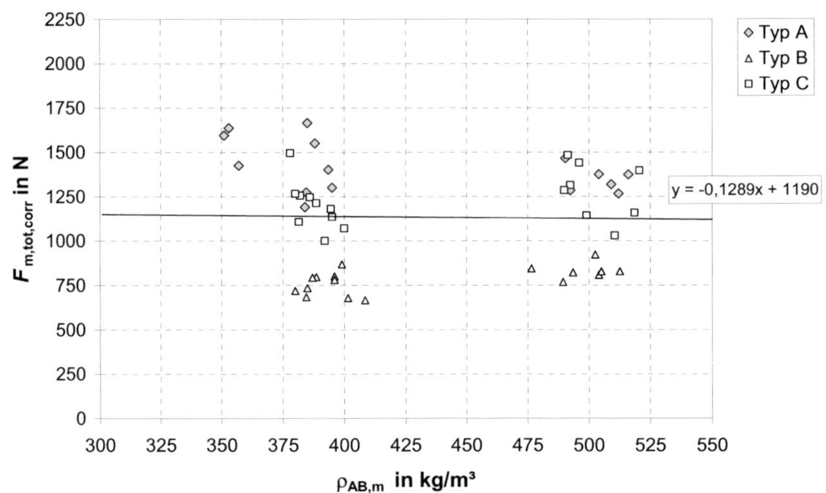

Bild 4-13   Korrigierte mittlere Gesamtkraft $F_{m,tot,corr}$ gem. Gleichung (3) aus den Einzelversuchen der Reihen 2 und 3 in Abhängigkeit von der Prüfkörperrohdichte $\rho_{AB,m}$, Bezugsrohdichte $\rho_{bez} = 450$ kg/m³

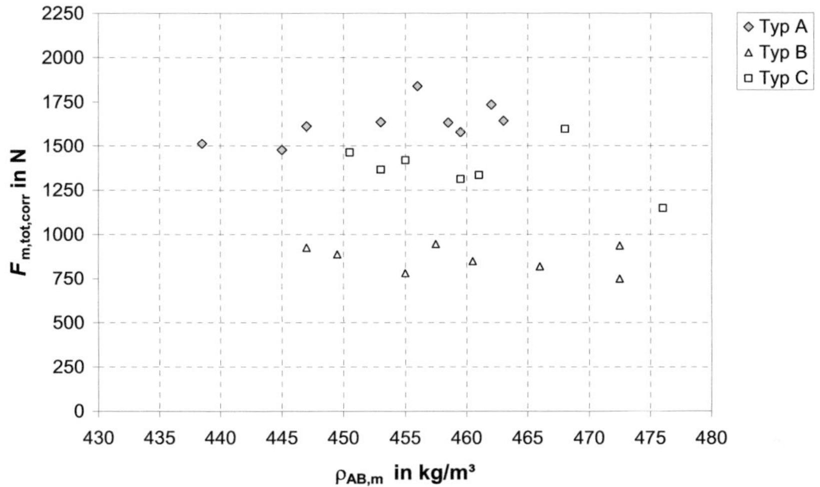

Bild 4-14   Korrigierte mittlere Gesamtkraft $F_{m,tot,corr}$ gem. Gleichung (3) aus den Einzelversuchen der Reihe 1 in Abhängigkeit von der Prüfkörperrohdichte $\rho_{AB,m}$, Bezugsrohdichte ρ_{bez} = 450 kg/m³

Der Zusammenhang zwischen mittlerer Gesamtkraft und Rohdichte wurde zusätzlich getrennt nach Schraubentypen ausgewertet. Diese Untersuchung kann aufgrund der vergleichsweise geringen Versuchsanzahl jedoch zunächst nur einer tendenziellen Abschätzung dienen. Für die in Gleichung (3) angegebene Korrektur der mittleren Gesamtkraft ließ sich der Exponent n für den Schraubentypen A zu n = 1,7 ermitteln. Für den Schraubentyp B beträgt n = 2,4 und für den Schraubentyp C gilt n = 2,2.

Da die Prüfkörpereigenschaften in den korrespondierenden Versuchsreihen nahezu identisch waren, sind die Abweichungen auf die unterschiedlichen Schraubenausbildungen zurückzuführen. So wird vermutlich z. B. die Wirksamkeit einer Bohrspitze auch von der Rohdichte des Holzes beeinflusst. In Abhängigkeit von der Rohdichte bzw. dem Spätholzanteil kann durch die Spitze mehr oder weniger Holz herausgefräst oder verdrängt werden. Je geringer die Wirkung der Bohrspitze ist, desto mehr Holz muss beim Eindrehen verdrängt werden. Bei Schrauben mit voneinander abweichender Spitzenform bzw. Bohrspitzenausbildung ist dieser Einfluss auf die Wirksamkeit der Spitze offenbar unterschiedlich von der Rohdichte abhängig. Letztlich ist in derartigen Betrachtungen natürlich auch die Lage der Schraubenachse bezüglich der Jahrringe einzubeziehen, vgl. Abschnitt 4.4 und 4.5.

Zur Verifizierung des festgestellten Einflusses der Rohdichte auf die ermittelten mittleren Gesamtkräfte $F_{m,tot}$ sind im zweiten Teil des Forschungsvorhabens weitere Versuche vorgesehen (vgl. Abschnitt 4.5). Dieses ist insbesondere auch notwendig, da innerhalb der Versuchsreihen 1 bis 3 die Prüfkörper bewusst mit einer vergleichsweise geringen Variation des Ausgangsmaterials ausgewählt wurden. Die Reihen dienten gezielt der Untersuchung der Versuchsmethode und des Einflusses des Schraubentyps auf die gemessenen Kräfte.

4.4 Schraubenspezifische Ersatzlasten für Rissflächenberechnungen

Die experimentell ermittelten Einflüsse der unterschiedlich gestalteten Schraubentypen auf das Spaltverhalten müssen so aufbereitet werden, dass sie für die Berechnungen von Rissflächen bzw. Risslängen mit einem FE-Modell verwendet werden können. Daher wurde für jeden Schraubentyp eine Ersatzlastfunktion iterativ bestimmt, die im FE-Modell zur Berechnung der Rissflächen als Belastung eingesetzt werden kann. Zur Ermittlung dieser Ersatzlast wurden die Einschraubversuche mit dem FE-Programm ANSYS 11.0 simuliert. Die beiden Prüfkörperhälften werden jeweils mit 8-Knoten-Volumenelementen (SOLID 45) modelliert, denen die Materialeigenschaften der Prüfkörper aus Vollholz zugewiesen werden. Eine Prinzipskizze des Modells wird in Bild 4-15 gezeigt.

Das aus der Anordnung der Messschrauben folgende statische System des Versuchsaufbaus führt dazu, dass sich die Prüfkörperhälften während des Einschraubens in Teilbereichen gegeneinander abstützen. Die entstehenden Druckkräfte in den Berührungsflächen sind bei der Berechnung einzubeziehen. Hierzu werden in der Ebene zwischen den beiden Prüfkörperhälften Kontaktelemente (CONTA 178) angeordnet. Die Berührungsflächen bzw. die Elementknoten können sich somit nicht überschneiden, so dass die entsprechende Druckbeanspruchung realitätsgetreu berücksichtigt wird. Während des Einschraubvorgangs werden die Prüfkörperhälften jeweils auch auf Biegung beansprucht. Daraus resultieren ebenfalls Druckbeanspruchungen in Teilbereichen der Berührungsflächen, die auch mit Hilfe der Kontaktelemente erfasst werden.

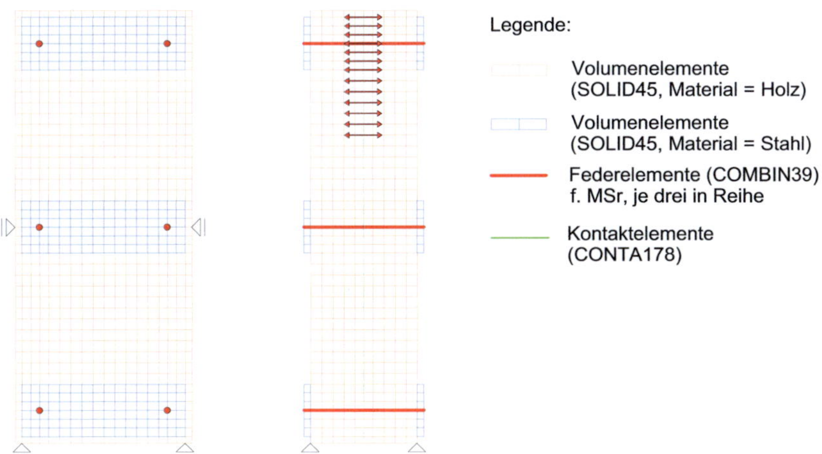

Bild 4-15   Prinzipskizze des FE-Modells zur Berechnung der schraubenspezifischen Ersatzlasten

Für die Messschrauben werden im Modell Federelemente (COMBIN 39) verwendet. Um die Vorspannung der Messschrauben bei den Berechnungen berücksichtigen zu können, wird jede Messschraube durch jeweils drei in Reihe gekoppelte Federelemente gebildet, siehe Bild 4-16. Die beiden äußeren Federelemente verfügen dabei über die doppelte Steifigkeit der Messschrauben. Dem mittleren Federelement wird bei Zugbeanspruchung eine sehr hohe Steifigkeit ($k_{E2} \rightarrow \infty$) zugewiesen. Alle Federelemente sind so eingestellt (KEYOPT-Funktion in ANSYS), dass sie nur auf Zugkräfte reagieren. Der Lastfall Vorspannung wird erzeugt, indem die Knoten zwei und drei jeweils in Richtung der mittleren Feder verschoben werden. Die Verschiebung wird so groß gewählt, dass insgesamt eine Zugkraft in Höhe der Vorspannung (100 N) in den Federelementen erzeugt wird. Die mittlere Feder wird durch eine Druckkraft beansprucht und bleibt aufgrund ihrer Definition lastfrei. Bei Beanspruchung durch äußere Kräfte (Lastfall Einschrauben) werden die äußeren Knoten (1 und 4) nach außen verschoben. Hierdurch entstehen in den äußeren Federn Zugkräfte. Die mittlere Feder erfährt aufgrund ihrer hohen Steifigkeit keine Dehnungen, so dass sie wie ein starrer Zugstab wirkt. Die Position der Knoten 2 und 3 bleibt demnach unverändert.

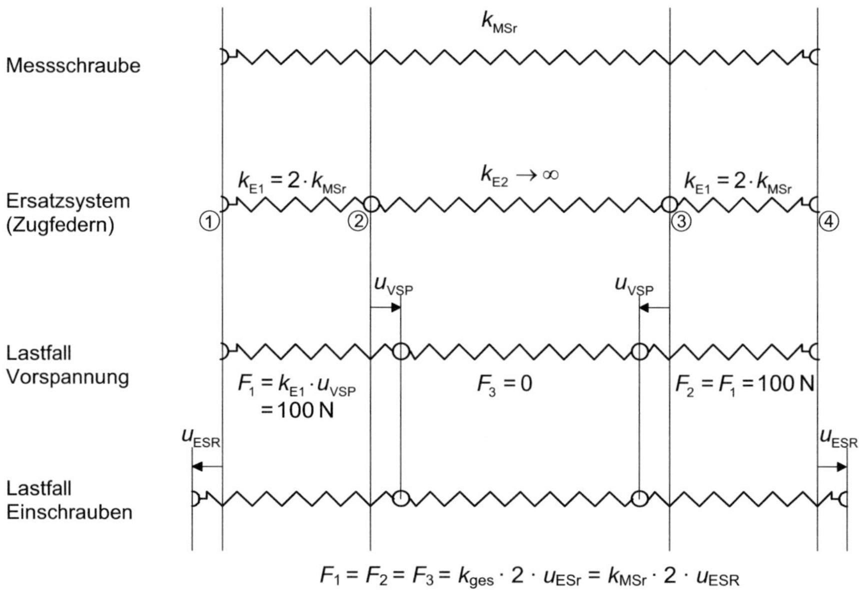

Bild 4-16   Erzeugung der Vorspannung in den Federelementen und Verhalten der Federelemente (Zugfedern) bei Belastung, Prinzipskizze

Die Gesamtsteifigkeit der drei Federn entspricht unter Berücksichtigung der Serienschaltung der Steifigkeit der Messschraube k_{MSr}, siehe Gleichung (4).

$$\frac{1}{k_{ges}} = \frac{1}{k_{E1}} + \frac{1}{k_{E1}} + \frac{1}{k_{E2}} = \frac{2}{k_{E1}} = \frac{2}{2 \cdot k_{MSr}} \quad \Rightarrow \quad k_{ges} = k_{MSr} \quad \text{(für Zugkräfte)} \tag{4}$$

Auf das FE-Modell des mit Messschrauben zusammengespannten Prüfkörpers werden im Bereich der Schraubenachse symmetrisch auf beide Prüfkörperhälften Knotenlasten aufgebracht. Diese Kräfte werden analog zum Eindrehen der Schraube in den Prüfkörper in Form einer wandernden Streckenlast angeordnet. Für die unterschiedlichen Einschraubtiefen bzw. Laststellungen werden die Kräfte in den Messschrauben berechnet. Die Streckenlast, welche als quasi-statische Ersatzlast angesehen werden kann, wird so lange variiert, bis für die Messpunkte die berechneten Kräfte mit den Versuchsergebnissen übereinstimmen. Bild 4-17 zeigt schematisch den qualitativen Verlauf einer Ersatzlast q (x_{Sr}) über die Schraubenlänge. In den Berechnungen wurden vereinfacht konstante Lastabschnitte q_i über jeweils eine definierte Länge angesetzt. In Bild 4-18 werden Verformungsfiguren des Prüfkörpers während des Einschraubens für unterschiedliche Einschraubtiefen gezeigt.

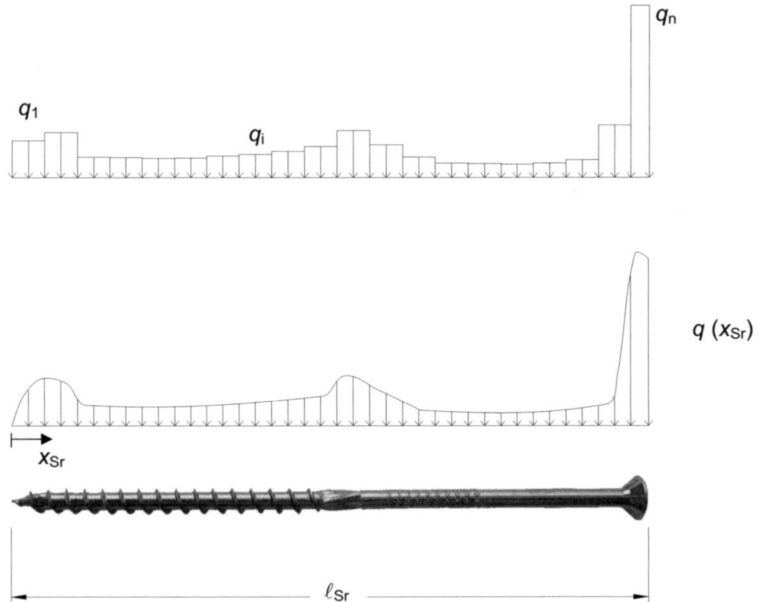

Bild 4-17   Qualitativer Verlauf der Ersatzlast für Rissberechnungen am Beispiel des Schraubentyps C mit Reibschaft (schematische Darstellung)

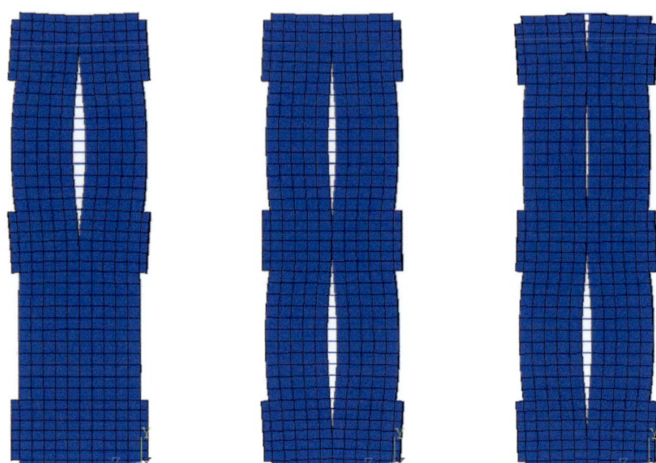

Bild 4-18   Verformungsfiguren des Prüfkörpers aus den FE-Berechnungen bei unterschiedlichen Einschraubtiefen (überhöhte Darstellung)

Bei den Berechnungen wird die quasi-statische Ersatzlast während eines Einschraubvorganges nicht variiert. Dieses setzt voraus, dass die Belastung auf das Holz durch den Einschraubvorgang eine über den Einschraubweg unveränderliche Streckenlast (Wanderlast) darstellt. Die Funktion der Last q ist demnach nur von der Position x_{Sr} entlang der Schraubenachse abhängig. Diese Annahme kann mit der Wirklichkeit nur bedingt übereinstimmen, da z. B. die Wirkung der Bohrspitze aufgrund von Abnutzungen während des Einschraubvorganges abnehmen kann. Die Wirksamkeit spaltreduzierender Merkmale kann auch durch die beim Eindrehen vorliegende Reibung bzw. die resultierende Wärmeentwicklung beeinflusst werden.

In der Regel ist die Wirkung einer Bohrspitze beim Ansetzen auf die Holzoberfläche bis zum Greifen des Gewindes deutlich größer als beim weiteren Einschraubvorgang. Die Umdrehungsanzahl ist in Bezug zum zurückgelegten Weg in diesem Bereich höher, so dass eine bessere Bohrleistung erzielt wird. Im weiteren Einschraubvorgang wird die Eindringgeschwindigkeit der Schraube von der Gewindesteigung beeinflusst. Die Umdrehungsanzahl nimmt bezogen auf den Einschraubweg ab. Außerdem können Bohrspäne zu Beginn des Einschraubens noch an die Holzoberfläche befördert werden. Im weiteren Verlauf des Eindrehens werden zwar noch Holzspäne durch die Bohrspitze herausgefräst, können aber nicht mehr aus dem Bauteil herausbefördert werden. Letztlich könnten sich Kräfte durch Relaxation oder Querdruckverformungen bereits während des Einschraubens wieder abbauen. Bei dem gewählten Modell werden plastische Verformungen im Lasteinleitungsbereich der Ersatzlast nicht berücksichtigt. Diese Verformungen entsprechen den Eindrückungen des Schraubenkerns, die in realiter beim Einschrauben entstehen. Es wurde hier eine elastische Berechnung gewählt, um den Berechnungsaufwand zu reduzieren. Im Modell zur Ermittlung der Risslängen werden diese Ersatzlasten übernommen, so dass die plastischen Verformungen nicht berücksichtigt werden müssen. Die genannten Einflüsse sind bisher noch nicht völlig geklärt, werden jedoch durch die in den Versuchen gemessenen Kräfte berücksichtigt, so dass die aus der FE-Berechnung resultierenden Ersatzlasten auch diese Effekte beinhalten. Des Weiteren ist der Abstand zwischen dem Einschraubbereich der Holzschraube und den Positionen der Messpunkte so gewählt, dass plastische Verformungen die Messungen nicht beeinflussen.

Für die verschiedenen Schraubentypen wurden die Versuche der Reihen A-1, B-1 und C-1 (siehe Tabelle 4-1) mit dem beschriebenen Verfahren simuliert. Als Ausgangswerte für die Anpassung der quasi-statischen Ersatzlast für eine Versuchsreihe dienten die Mittelwerte der an den drei Messschraubenpaaren gemessenen Kräfte. Bei der Simulation wurden die mittleren Prüfkörpereigenschaften der jeweiligen Versuchsreihe berücksichtigt. Der Elastizitätsmodul $E_{0,dyn}$ parallel zur Faserrichtung wurde am Ausgangsmaterial der Prüfkörper durch zerstörungsfreie Prüfung mittels Longitudinalschwingung ermittelt, vgl. Görlacher (1984). Des Weiteren wurden Messungen der Eigenfrequenz bei Biegeschwingungen erster bis dritter Ordnung durchgeführt. Bild 4-19 zeigt typische Querschnitte der Prüfkörper, welche i. d. R. aus Halbhölzern hergestellt wurden. In Bild 4-20 ist γ als Winkel zwischen Schraubenachse und Tangente an den Jahrringen definiert. Der Winkel γ ist über die Prüfkörperhöhe nicht konstant und kann durchaus zwischen $\gamma_{min} = 0°$ und $\gamma_{max} = 90°$ variieren. Der Winkel zwischen Schraubenachse und Jahrringtangente wird im Bereich des Schraubenkopfes als γ_K und im Bereich der Schraubenspitze als γ_S bezeichnet.

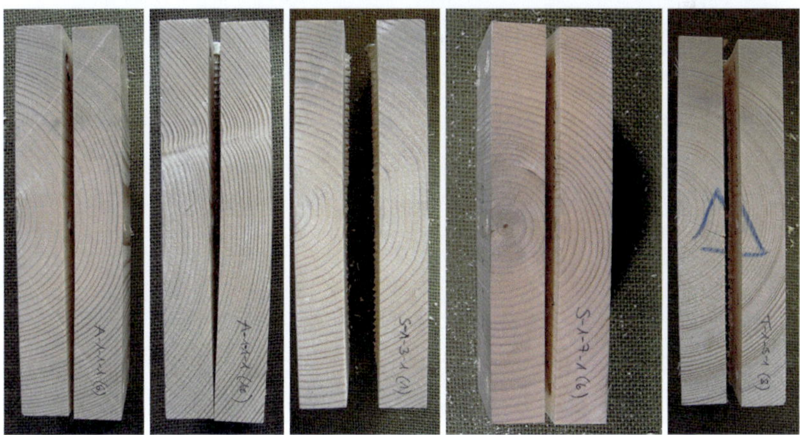

Bild 4-19   Typische Querschnitte von Prüfkörpern

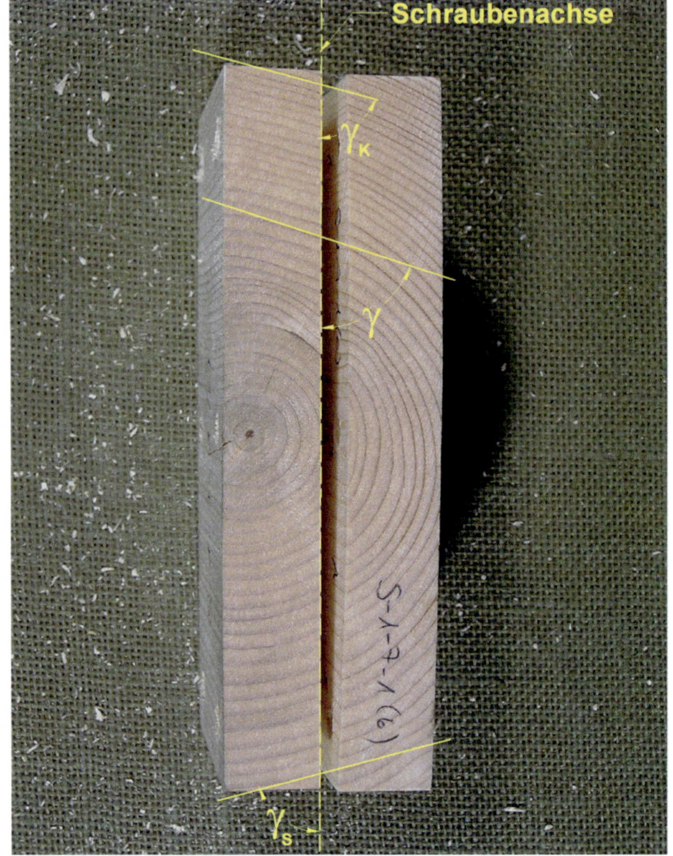

Bild 4-20   Definition der Winkel zwischen Schraubenachse u. Jahrringtangente

Für die Simulationen der Prüfkörper wurden die Unterschiede der Elastizitätsmoduln in Anlehnung an Neuhaus (1981), (1983) u. (1994) für eine mittlere Holzfeuchte von u = 13,4 % mit folgenden Verhältnissen berücksichtigt:

$$E_\mathrm{L}/E_\mathrm{R}/E_\mathrm{T} = 29{,}9/1{,}96/1{,}00 \tag{5}$$

mit

E_L Elastizitätsmodul in Faserrichtung

E_R Elastizitätsmodul in Radialrichtung

E_T Elastizitätsmodul in Tangentialrichtung

Für die Schubmoduln wurde folgender Zusammenhang angenommen:

$$G_{LR}/G_{RT}/G_{LT} = 15,0/1,00/18,0 \qquad (6)$$

mit

G_{LR} Schubmodul der Radialfläche

G_{RT} Schubmodul der Hirnfläche

G_{LT} Schubmodul der Tangentialfläche

Nach Görlacher (1984) kann mit Gleichung (7) aus den Eigenfrequenzmessungen der Biegeschwingungen erster bis dritter Ordnung jeweils der Elastizitätsmodul unter Berücksichtigung des Schubeinflusses berechnet werden.

$$E = \frac{4 \cdot \pi^2 \cdot \ell^4 \cdot f_0^2 \cdot \rho}{m_n^4 \cdot i^2} \cdot \left(1 + \frac{i^2}{\ell^2} \cdot \left(K_1 + K_2 \cdot s \cdot \frac{E}{G} \right) - \frac{4 \cdot \pi^2 \cdot s \cdot i^2 \cdot f_0^2 \cdot \rho}{G} \right) \qquad (7)$$

Mit dem bekannten Elastizitätsmodul aus der Longitudinalschwingung, welcher keinen Schubeinfluss beinhaltet, kann iterativ mit Gleichung (7) der Schubmodul ermittelt werden, vgl. Görlacher (2002). Aus diesem mittleren Schubmodul der Prüfkörper wurden unter Berücksichtigung der Gleichung (6) die Schubmoduln $G_{LR,}$ G_{RT} und G_{LT} abgeschätzt. Konnte für einen Prüfkörper die Eigenfrequenz unter Biegeschwingung nicht zuverlässig ermittelt werden, wurde für den Schubmodul folgende Annahme getroffen:

$$E_L/G_{LT} = 17,0 \qquad (8)$$

Zur Ermittlung der Ersatzlast wurden pro Schraubentyp über 100 Berechnungen durchgeführt. Die Belastungsfunktion $q\,(x_{Sr})$ wurde so variiert, dass sich möglichst geringe Abweichungen zwischen Versuchsergebnissen und berechneten Kräften an den Messstellen ergaben. In Bereichen von $\Delta x_{Sr} = 5\,\text{mm}$ wurde die Belastung als konstant angenommen. Als Ergebnis einer ersten Auswertung für den Schraubentyp A sind die einzelnen Lasten q_i in Tabelle 9-19 des Anhangs 9.2 aufgeführt. Bild 4-21 zeigt einen Vergleich zwischen den in den Versuchen gemessenen Kräften und den unter Verwendung der ermittelten Belastungsfunktion berechneten Werten. Die Positionen der Messschraubenpaare bei 15, 90 und 165 mm sind in den Diagrammen gekennzeichnet. Graphische Darstellungen der Vergleiche für die einzelnen Messstellen (MSr 1/2, MSr 2/3 und MSr 5/6) sowie für die Mittelwerte der sechs Messstellen können Bild 9-37 bis Bild 9-40 entnommen werden. Die erkennbare Abweichung zwischen den berechneten Kräften und den Versuchswerten kann verringert werden, wenn die Materialeigenschaften über die in Gleichung (5) und (6) angegebenen Verhältnisse hinaus variiert werden. Für ein Verhältnis der E-Moduln E_R/E_T von 3,64/1,00 konnten unter Ansatz der Belastung aus Tabelle 9-19 die in Bild 4-22 dargestellten Verläufe für die Kräfte in Messschrauben berechnet werden.

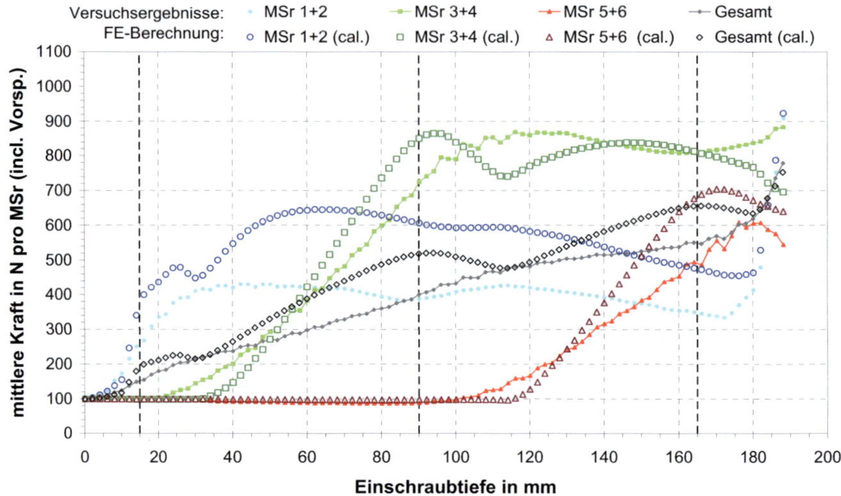

Bild 4-21   Vergleich zwischen Versuchsergebnissen und berechneten Kräften an den Messstellen für Versuchsreihe A-1, erste Auswertung

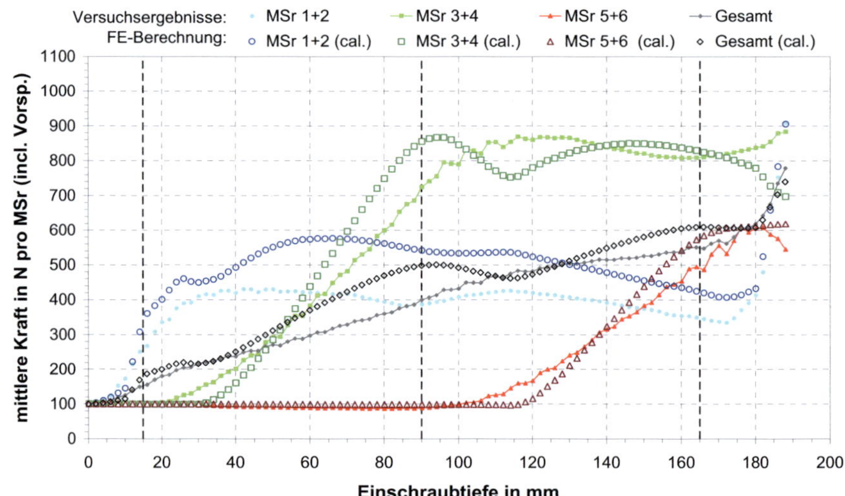

Bild 4-22   Vergleich zwischen Versuchsergebnissen und berechneten Kräften an den Messstellen für Versuchsreihe A-1, Variation des Verhältnisses der E-Moduln rechtwinklig zur Faserrichtung, erste Auswertung

Beim Vergleich der Versuchsergebnisse mit den Berechnungen der Ersatzlasten anhand des FE-Modells zeigen sich Abweichungen bei den Verhältnissen zwischen den Maximalwerten der mittleren Messschrauben (MSr 3 und 4) und den oberen bzw. unteren Messschrauben (MSr 1/2 bzw. MSr 5/6). Die Gründe für diese Differenzen könnten u. a. in den Einflüssen einer über die Einschraubtiefe nicht konstanten Belastung liegen, welche wie bereits erwähnt auf eine Verminderung der Wirkung der Bohrspitze während des Einschraubens zurückgeführt werden kann. Eine über die Einschraubtiefe veränderliche Wirkung der Schraubenmerkmale und die dadurch entstehende Beeinflussung des Spaltverhaltens kann durch eine Anpassung der ermittelten Belastungsfunktion in Abhängigkeit der Einschraubtiefe berücksichtigt werden. Die iterative Ermittlung einer über Schraubenlänge und Einschraubtiefe veränderlichen Ersatzlast erhöht allerdings den Rechenumfang erheblich. Zudem ist nicht bekannt, in wieweit sich die Veränderungen der Belastung über die Schraubenlänge und über den Einschraubweg gegenseitig beeinflussen. Letztlich müsste die von zwei Variablen abhängige Belastungsfunktion auch bei der Rissberechnung am deutlich komplexeren FE-Modell verwendet werden. Daher wurde zunächst auf eine derartige Anpassung der Belastungsfunktion verzichtet.

Weitere Gründe für die in Bild 4-21 und Bild 4-22 ersichtlichen Abweichungen können in den Eigenschaften des Prüfkörpers liegen. Entsprechend der Lage und Breite der Jahrringe ändern sich die lokalen mechanischen Eigenschaften und die Rohdichte des Prüfkörpers über dessen Höhe und Dicke (zur Definition von h und d siehe Bild 4-2). Diese lokalen Eigenschaften sind außerdem auch für die beiden Prüfkörperhälften unterschiedlich. Bei den Berechnungen wurden dagegen global für den Prüfkörper definierte Mittelwerte verwendet.

Darüber hinaus können das statische System und das gegenseitige Abstützen der beiden Prüfkörperhälften die gemessenen Kräfte so beeinflussen, dass eine über die Einschraubtiefe konstante Ersatzlast bei der Versuchsdurchführung nicht vorliegt. Letztlich ist sicherzustellen, dass die beschriebenen Abweichungen zwischen den FE-Berechnungen und den Versuchsergebnissen nicht auf die Versuchsdurchführung zurückzuführen sind. Zur Absicherung der Prüfmethode sind weitere Versuche im Rahmen des zweiten Teils des Forschungsvorhabens vorgesehen. Insbesondere soll durch eine Erhöhung der Messschraubenanzahl eine genauere Darstellung des Kräfteverlaufs beim Einschrauben ermöglicht werden. Hier ist es vorgesehen die Anzahl der Messpunkte von sechs (2 x 3 Messschrauben) auf acht (2 x 4 Messschrauben) bzw. zehn (2 x 5 Messschrauben) zu erhöhen. Anschließend sollen die Versuchsergebnisse mit FE-Berechnungen an entsprechend modifizierten Modellen verglichen werden.

Für die weiteren Berechnungen wurde die Ersatzlast so kalibriert, dass der Verlauf der in den Versuchen ermittelten höheren Messwerte an den Messstellen 3 und 4 bei der Berechnung gut angenähert wird. Hierdurch werden die Messergebnisse der Messstellen 1 und 2 und im geringeren Maße der Messstellen 5 und 6 überschätzt. Da eine größere Ersatzlast auch zu einer größere Spaltgefahr bzw. Ausbildung größerer Rissflächen führt, sollten somit konservative Werte für die Ersatzlast ermittelt werden. Bei der Bestimmung der Ersatzlast wurde insbesondere auch Wert auf die Größe der Belastungsfunktion im Bereich von Schraubenspitze und Schraubenkopf gelegt. Gerade diese Bereiche der Schraube sind für das Spaltverhalten des Holzes beim Eindrehen maßgebend.

Durch erste Berechnungen von Rissflächen mit dem in Kapitel 5 beschriebenen Verfahren wurde festgestellt, dass für die untersuchten Schraubentypen der Höchstwert der Belastung im Spitzenbereich innerhalb der ersten 5 bis 10 mm nach der Schraubenspitze vorliegen muss. Eine Ermittlung der Ersatzlast für den Spitzenbereich auf Grundlage der Messwerte an den Messschrauben 1 und 2 führt dazu, dass dieses Maximum erst zwischen 10 und 15 mm nach der Schraubenspitze erreicht wird. Des Weiteren wird die Größe der Ersatzlast etwas unterschätzt. Die Ursache hierfür liegt in der besseren Bohrwirkung der Schraubenspitze zu Beginn des Einschraubvorgangs. Deutlich wird dieses auch dadurch, dass die berechnete Beanspruchung der Messschrauben 3 und 4 erst später auftritt, als es im Versuch beobachtet wird. Bild 4-21 und Bild 4-22 zeigen dieses am Beispiel der ersten Auswertung für den Schraubentyp A. Hier wird erst bei einer Einschraubtiefe von mehr als 30 mm eine Beanspruchung der Messschrauben 3 und 4 durch den Einschraubvorgang berechnet. Im Versuch kann bei diesen Messschrauben bereits bei einer Einschraubtiefe von rund 20 mm eine Zunahme der Kräfte beobachtet werden. Daher wurde eine zweite Auswertung vorgesehen, bei der sich die Kalibrierung der Ersatzlast vorrangig an der Messkurve für die mittleren Messschrauben (MSr 3 und 4) orientiert. Im Bereich des Schraubenkopfes erfolgte die Berechnung der Ersatzlast für die beste Anpassung der Kräfte an den Messstellen 1 und 2. Die Funktionswerte der Ersatzlast sind in Tabelle 9-20 des Anhangs 9.2 zusammengestellt. In Bild 4-23 werden die in den Versuchen gemessenen Kräfte mit den berechneten Werten aus der Simulation mit der ermittelten Belastungsfunktion verglichen. In Bild 9-41 bis Bild 9-44 (Anhang 9.2) ist der Vergleich für die drei Messschraubenpaare sowie für den Mittelwert separat dargestellt.

Unter Berücksichtigung eines größeren Verhältnisses der E-Moduln rechtwinklig zur Faserrichtung (E_R/E_T = 3,60) ergibt sich der in Bild 4-24 gezeigte Verlauf für die Kräfte über den Einschraubweg. Aufgrund der gewählten vorrangigen Anpassung an die Messschrauben 3/4 werden die Kräfte in den Messschrauben 1/2 und 5/6 entsprechend überschätzt.

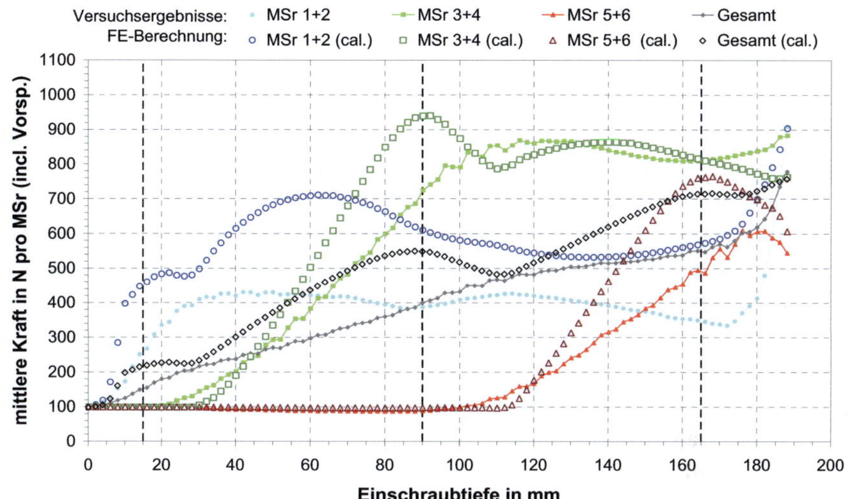

Bild 4-23   Zweite Auswertung für Reihe A-1 - Vergleich zwischen Versuchsergebnissen und berechneten Kräften, Verhältnis der E-Moduln rechtwinklig zur Faserrichtung gemäß Gleichung (5)

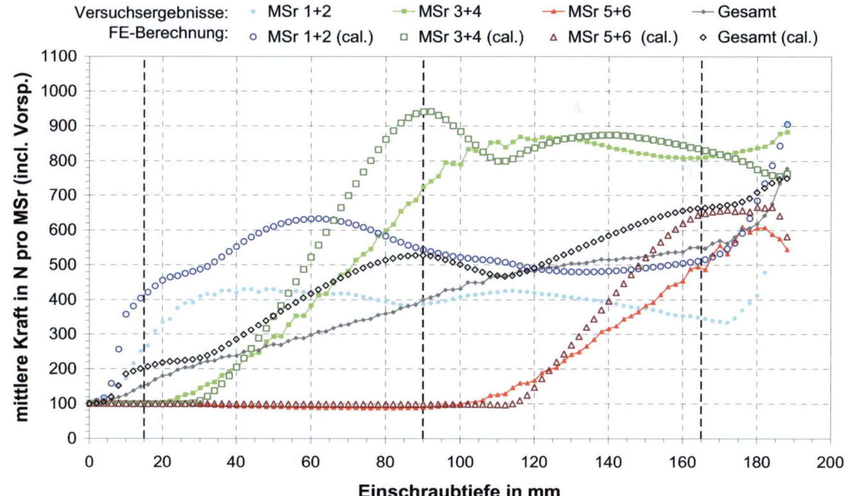

Bild 4-24   Zweite Auswertung für Reihe A-1 - Vergleich zwischen Versuchsergebnissen und berechneten Kräften für E_R / E_T = 3,64 / 1,00

Für die Schraubentypen B und C wurden ebenfalls Simulationen mit dem FE-Modell zur Ermittlung der Funktionen $q(x)$ für die Ersatzlasten durchgeführt. Bei der Kalibrierung der Ersatzlast wurden die beschriebenen Effekte bezüglich der Wirkung der Bohrspitze berücksichtigt und die Anpassung vorrangig für die Ergebnisse der Messpunkte 3 und 4 vorgenommen. Hierdurch wurde die Größe und Position des lokalen Maximums der Belastungsfunktion an der Schraubenspitze in Hinblick auf die numerischen Rissflächenberechnungen optimiert. Die berechneten Ersatzlasten q_i sind in Tabelle 9-21 bzw. Tabelle 9-22 (Anhang 9.2) zusammengestellt. In Bild 9-45 bis Bild 9-49 und in Bild 9-51 bis Bild 9-55 des Anhangs 9.2 sind die Vergleiche zwischen den mit der jeweiligen Ersatzlast berechneten Kräften in den Messschrauben und den Versuchsergebnissen dokumentiert. Das Ergebnis von Auswertungen für die geändert Verhältnisse der Elastizitätsmoduln rechtwinklig zur Faserrichtung sind in Bild 9-50 und Bild 9-56 aufgeführt. Insgesamt erweist sich die Qualität der Anpassung für die Schraubentypen B und C ähnlich zu den Berechnungen für den Schraubentyp A.

4.5 Weiterentwicklung der Prüfmethode

Die entwickelte Prüfmethode bietet die Möglichkeit, Kräfte zu ermitteln, die beim Eindrehen von Schrauben rechtwinklig zur Faserrichtung auftreten. Es wird die Möglichkeit geschaffen, die Wirkung von Schraubenmerkmalen auf das Spaltverhalten weitgehend objektiv zu beurteilen. Somit ist zunächst ein qualitativer Vergleich zwischen unterschiedlichen Schraubentypen möglich.

Um die Anwendbarkeit der Prüfmethode abzusichern, ist es im Rahmen des zweiten Teils des Forschungsvorhabens erforderlich, die weiteren Einflüsse auf die gemessenen Kräfte zu klären. Zunächst gilt es die Einflussfaktoren des Prüfverfahrens selbst zu beurteilen. Hierzu gehören insbesondere die Einschraubgeschwindigkeit (Drehzahl), die Vorspannung der Messschrauben, die Größe der Prüfkörper und die Anzahl und Anordnung der Messschrauben.

Auf Grundlage weiterer Versuche können die materialspezifischen Einflüsse des Holzes auf die Spaltkräfte systematisch untersucht werden. Insbesondere sollten hierbei die Rohdichte des Holzes und die Einschraubrichtung in Bezug zur Lage der Jahrringe (u. a. Winkel zwischen Schraubenachse und Jahrringtangente) Berücksichtigung finden. Für diese Untersuchungen werden spezielle Prüfkörper hergestellt, die über ihren Querschnitt näherungsweise homogene Eigenschaften aufweisen. Um dieses zu erreichen, werden Prüfkörper aus Brettschichtholz verwendet. Das Brettschichtholz wird im Labor so hergestellt, dass der jeweilige Prüfkörper aus ein und derselben Lamelle besteht. Hierzu wird ein Brett der Länge nach in Abschnitte aufgeteilt. Anschließend werden die Abschnitte zu einem Brettschichtholzquerschnitt verklebt. Störstellen wie z. B. Äste oder Harzgallen werden beim Zuschnitt der Lamellen herausgekappt. Auf diese Weise können Prüfkörper mit über die Höhe gleichmäßig verteilter Rohdichte hergestellt werden. Außerdem ist es möglich, Prüfkörper zu produzieren, bei denen der Winkel zwischen Schraubenachse und Tangente an den Jahrringen über die Einschraubtiefe konstant bleibt, siehe Bild 4-25 und Bild 4-26. Zunächst sind drei Prüfkörpervarianten mit Winkeln γ zwischen Schraubenachse und Jahrringtangente (siehe Bild 4-20) von $\gamma = 0°$ (Variante A), $\gamma = 45°$ (Variante B) und $\gamma = 90°$ (Variante C) vorgesehen.

Als weiterer Untersuchungsparameter kann der Einfluss der Holzfeuchte beim Einschrauben berücksichtigt werden. Des Weiteren wären Versuche für Schrauben möglich, die unter einem Winkel $\alpha < 90°$ zur Faserrichtung eingeschraubt werden. Hiermit kann die Abhängigkeit der ermittelten Kräfte vom Winkel zwischen Schraubenachse und Faserrichtung untersucht werden.

Durch Einbeziehung weiterer Schraubentypen in systematische Untersuchungen können die Wirksamkeit der verschiedenen Schraubenmerkmale und die Einflüsse unterschiedlicher Schraubengeometrien beurteilt werden. Durch Vergleich der ermittelten Kräfte für die unterschiedlichen Schraubentypen untereinander und unter Berücksichtigung der jeweils erforderlichen Holzdicken und Abstände sind direkt Rückschlüsse auf das Spaltverhalten möglich, siehe Abschnitt 4.3.

Bild 4-25   Homogenisiertes BSH zur Prüfkörperherstellung für Einschraubversuche, drei Aufbauvarianten

Bild 4-26   Prüfkörpervarianten A und C für Einschraubversuche

5 Modell zur Ermittlung von Rissflächen und Verifizierung

5.1 Numerische Rissflächenermittlung

5.1.1 Modell

Zur Ermittlung der Risslängen beim Einbringen von Verbindungsmitteln wurde ein FE-Modell entwickelt und mit dem Programm ANSYS 11.0 berechnet. Das Holz wird unter Ausnutzung der Symmetrieeigenschaften mit Volumenelementen (SOLID 45) modelliert, siehe Bild 5-1. Die Symmetrieebene liegt hierbei in der Ebene, in der die Schraube eingedreht wird. In dieser Ebene liegt beim Einschrauben überwiegend eine Querzugbeanspruchung des Holzes vor. Es ist davon auszugehen, dass die Risse in dieser Ebene entstehen. Ein Risswachstum ist dabei in Faserrichtung (Längsrichtung) sowie in Einschraubrichtung über die Holzhöhe h möglich. Ein Abweichen der Risse aus dieser Ebene in Richtung der Holzbreite wird durch das Modell ausgeschlossen. Dieses ist durch Versuchsbeobachtungen bei Einschraubversuchen gerechtfertigt. Bei Einschraubversuchen sind derartige Abweichungen von der angenommenen Rissebene i. d. R. nur bei einer starken Faserabweichung zu beobachten, da das Risswachstum entlang der Faserrichtung stattfindet.

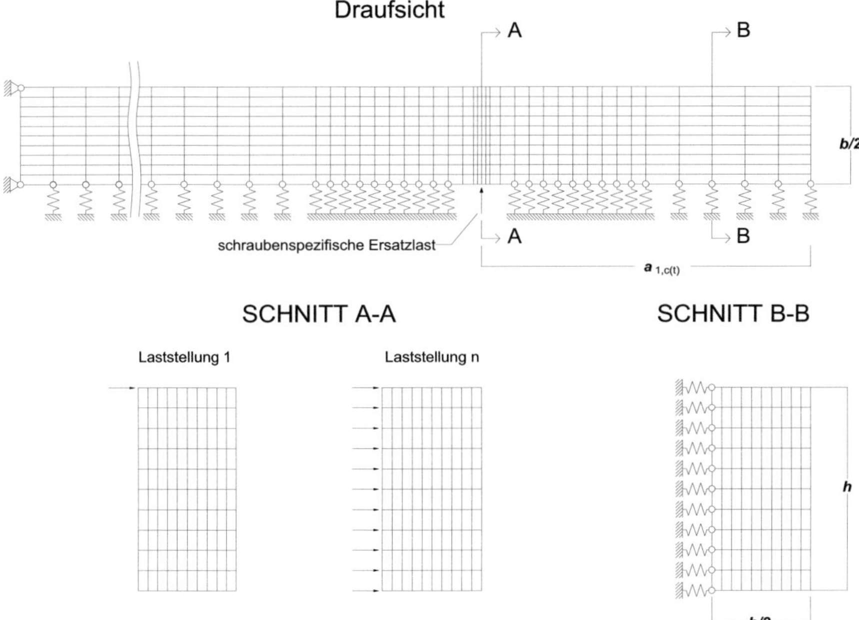

Bild 5-1   Schematische Darstellung des FE-Modells zur Risslängenermittlung

Zur Modellierung der Querzugtragfähigkeit werden in der Rissebene nicht-lineare Federelemente (COMBIN 39) angeordnet. Die Federelemente wurden mit Hilfe der Versuchsergebnisse von CT-Proben kalibriert, siehe Abschnitt 5.1.2. Im ausreichenden Abstand zum Rissbereich sind im FE-Modell feste Auflager angeordnet. Eine Beeinflussung der Risszone durch diese Auflager kann ausgeschlossen werden.

Um die Einflüsse der Verbindungsmittel auf das Spaltverhalten des Holzes möglichst genau zu erfassen, sollen im Modell die Erkenntnisse aus der experimentellen Ermittlung der Spaltkräfte angewendet werden, vgl. Abschnitt 4.4. Das FE-Modell wird für die Rissberechnung durch eine wandernde Streckenlast in Form der Funktion $q\,(x_{Sr})$ der quasi-statischen Ersatzlast des jeweiligen Schraubentyps belastet. Die Belastung wird in mehreren Belastungsschritten (Lastschritt 1 bis n) in Einschraubrichtung aufgebracht. Hierdurch wird der Einschraubvorgang simuliert. Nach jedem Belastungsschritt wird eine Berechnung durchgeführt und die Verschiebung in den Federelementen berechnet. Das genaue Verfahren zur Berechnung des Rissfortschritts beim Einschraubvorgang wird in Abschnitt 5.1.3 beschrieben. Im Bereich der Lasteinleitung und im Bereich der zu erwartenden Rissfläche ist ein vergleichsweise feines FE-Netz vorgesehen, um die Rissflächen genauer erfassen zu können. Die Netzfeinheit nimmt mit zunehmendem Abstand von der Schraubenachse ab. Bild 5-1 zeigt die Netzverfeinerung lediglich schematisch. Für die FE-Berechnungen wurde eine deutlich größere Elementanzahl verwendet.

Bei der Rissflächenberechnung sollen möglichst alle Einflussparameter auf das Spaltverhalten entsprechend der zu untersuchenden Konfiguration berücksichtigt werden. Daher ist es erforderlich, die Funktion der Ersatzlasten entsprechend der vorliegenden Randbedingungen insbesondere bezüglich der Materialeigenschaften anzupassen. Zur Korrektur der Ersatzlast wird der in Gleichung (9) angegebene Zusammenhang vorgeschlagen. Durch die Korrekturbeiwerte werden die Einflüsse der Rohdichte und der Einschraubgeschwindigkeit, der Winkel zwischen Schraubenachse und Jahrringtangente sowie weitere bisher nicht näher bestimmbare Abweichungen und Modellungenauigkeiten erfasst.

$$q_{corr}(x_{Sr}) = q(x_{Sr}) \cdot k_{\rho} \cdot k_{r} \cdot k_{\gamma} \cdot k_{m} \tag{9}$$

mit

$q\,(x_{Sr})$ Ersatzlast zur Charakterisierung der Spaltkraft eines Schraubentyps, kalibriert durch FE-Berechnungen an Einschraubversuchen zur Ermittlung von Spaltkräften

k_{ρ} Korrekturbeiwert zur Berücksichtigung der Rohdichte des Bauteils

k_{r} Korrekturbeiwert zur Berücksichtigung der Einschraubgeschwindigkeit bzw. Drehzahl beim Einschrauben

k_γ Korrekturbeiwert zur Berücksichtigung des Winkels zwischen Schraubenachse und Jahrringtangente

k_m Korrekturbeiwert zur Berücksichtigung von Modellungenauigkeiten und Abweichungen zwischen durch Versuche ermittelter und tatsächlicher Spaltkraft

Der Beiwert k_ρ zur Korrektur der Ersatzlastfunktion in Hinblick auf die Rohdichte des zu untersuchenden Bauteils kann mit Gleichung (10) berechnet werden. Die Ersatzlastfunktion wurde für die Rohdichte hergeleitet, die bei den Prüfkörpern der Versuche zur Ermittlung der Spaltkräfte vorlag. Diese Rohdichte ist entsprechend als Bezugsrohdichte zu verwenden. Der Exponent in Gleichung (10) beruht auf der in Abschnitt 4.3, Gleichung (3) angegebenen Korrektur für die mittlere Gesamtkraft in Abhängigkeit von der Prüfkörperrohdichte.

$$k_\rho = \left(\frac{\rho}{\rho_{ref}} \right)^2 \tag{10}$$

mit

ρ Rohdichte des Bauteils

ρ_{ref} Rohdichte der Prüfkörper der Einschraubversuche zur Ermittlung der Spaltkraft

Im Rahmen von Vorversuchen mit der Versuchseinrichtung zur Ermittlung von Spaltkräften wurden Schrauben mit Drehzahlen von 10, 50 und 100 min^{-1} eingedreht. Für die Versuche wurden unterschiedliche Schraubentypen verwendet und die Prüfkörperrohdichte variiert. Unter Elimination der anderen Einflussparameter konnte auf Grundlage dieser Versuche der Einfluss der Einschraubgeschwindigkeit auf die mittlere Gesamtkraft abgeschätzt werden. Hieraus ergibt sich der Korrekturbeiwert für die Ersatzlastfunktion wie folgt:

$$k_r = \left(\frac{U}{U_{ref}} \right)^{0,063} \tag{11}$$

mit

U Mittlere Drehzahl beim Einschrauben im Bauteil

U_{ref} Drehzahl bei Einschraubversuchen zur Ermittlung der Spaltkraft

Die Gültigkeit von Gleichung (11) muss jedoch noch durch weitere Versuche abgesichert werden, vgl. Abschnitt 4.5. Des Weiteren ist zu beachten, dass die höchste Drehzahl in den Versuchen bei 100 min^{-1} lag. Eine höhere Drehzahl kann zu Ungenauigkeiten bei der Ermittlung der Spaltkräfte führen. Aufgrund der technisch begrenzten Messrate stehen mit steigender Einschraubgeschwindigkeit weniger Messungen während des Einschraubvorgangs zur Verfügung. Mit handelsüblichen Einschraubgeräten lassen sich jedoch deutlich größere Einschraubdrehzahlen erreichen, so dass zu klären ist, in wieweit eine Extrapolation der Gleichung (11) zulässig ist (s. a. Abschnitt 5.3).

Mit dem Korrekturbeiwert k_γ soll der Einfluss des Winkels γ zwischen Jahrringtangente und Schraubenachse erfasst werden. Zur Ermittlung von k_γ sind die in Abschnitt 4.5 beschriebenen Versuche mit Prüfkörpern aus homogenisiertem Brettschichtholz vorgesehen. Der Beiwert k_m dient zur Korrektur der Abweichungen zwischen der mit der Versuchseinrichtung ermittelten und der tatsächlichen Spaltkraft. Insbesondere gilt es hiermit auch Modellungenauigkeiten zu erfassen. Im Rahmen der Kalibrierung soll k_m durch Vergleiche zwischen numerisch und experimentell ermittelten Rissflächen bestimmt werden.

5.1.2   Bestimmung der Eigenschaften der Querzug-Federelemente

Beim Einbringen eines Verbindungsmittels ins Holz wird dieses auf Querzug beansprucht. Diese Beanspruchung führt maßgeblich zu den beobachteten Risserscheinungen. Zur Berechnung dieser Risserscheinungen muss folglich das Tragverhalten von Holz bei Querzugbeanspruchung durch die Federelemente des FE-Modells möglichst genau abgebildet werden. Dieses erfordert die Ermittlung eines entsprechenden Federgesetzes.

Schmid (2002) hat im Rahmen seiner Untersuchungen die Energiefreisetzungsraten von unterschiedlichen Nadelholzarten experimentell bestimmt. Hierzu wurden Versuche an CT-Proben durchgeführt. Aufgrund seiner Beobachtungen geht Schmid davon aus, dass bei Holz unter Querzugbeanspruchung eine Prozesszone vorhanden ist, in der die Materialtrennung stattfindet. Bei den üblichen Versuchen zur Ermittlung der Querzugfestigkeit ist die Prüfkörpergeometrie so gewählt, dass sich eine gleichmäßige Spannungsverteilung über den Querschnitt einstellen soll. Hierbei zeigt sich aufgrund der üblichen Geschwindigkeiten der Messdatenerfassung ein sehr sprödes Werkstoffverhalten. Gemäß der bruchmechanischen Betrachtung von Schmid (2002), sei bei den Versuchen zur Ermittlung der Querzugfestigkeit von einer Rissinitiierung in kleinen Bereichen auszugehen, die zu einem instabilen, schnellen Risswachstum führt.

Unter Annahme der Ausbildung einer Bruchprozesszone im Holz unter Querzugbeanspruchung muss für die Federelemente ein nicht-lineares Federgesetz verwendet werden. Dieses kann nicht auf Grundlage von Querzugversuchen ermittelt werden. Hiermit können aufgrund der üblichen Versuchsbedingungen lediglich die Festigkeit und der E-Modul des Holzes bei Zugbelastung rechtwinklig zur Faserrichtung bestimmt werden. Daher soll anhand der Untersuchungen von Schmid (2002) an CT-Proben der Holzart Fichte (picea abies) ein nicht-lineares Federgesetz formuliert werden. Die Geometrie der CT-Proben ist in Bild 5-2 dargestellt. Die Prüfkörper wurden auf einer Länge von 107 mm mit einem faserparallelen Sägeschnitt versehen. Außerdem wurde ein 5 mm langer Anriss mit Hilfe eines Spachtels erzeugt. Die Restlänge betrug 76 mm. Zwei Bohrungen des Durchmessers $d = 16$ mm bildeten die Lasteinleitungspunkte der CT-Proben. In diese Bohrungen wurden Stabdübel montiert, welche es ermöglichten, den Prüfkörper mittels einer Universalprüfmaschine rechtwinklig zur Faserrichtung zu belasten. Die Verschiebung v_L zwischen den Achsen der Stabdübel wurde mittels Wegaufnehmern an der CT-Probe gemessen. Die im Bereich des Hirnholzes gemessene Verschiebung wird mit v_H bezeichnet. Diese kennzeichnet die maximale Öffnung des Prüfkörpers. Die Anordnung der Wegaufnehmer kann Bild 5-2 und Bild 5-3 entnommen werden.

Das Diagramm in Bild 5-4 zeigt die Höchstlasten der CT-Proben in Abhängigkeit von der Prüfkörperrohdichte. In Bild 5-5 wird die gegenseitige Verschiebung der Stabdübel bei der erreichten Höchstlast und in Bild 5-6 die maximale Öffnung des Prüfkörpers v_H in Abhängigkeit von der Rohdichte dargestellt. Mit zunehmender Rohdichte konnten gleiche bis größere Maximallasten bei geringeren Verschiebungen v_L bzw. v_H beobachtet werden.

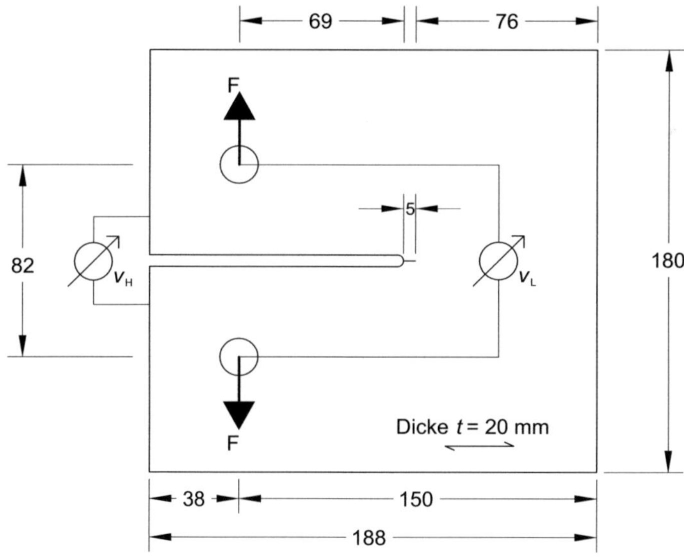

Bild 5-2   Geometrie der CT-Proben

Bild 5-3   Versuchsaufbau und Position der Wegaufnehmer bei den Untersuchungen von Blaß und Schmid (2002)

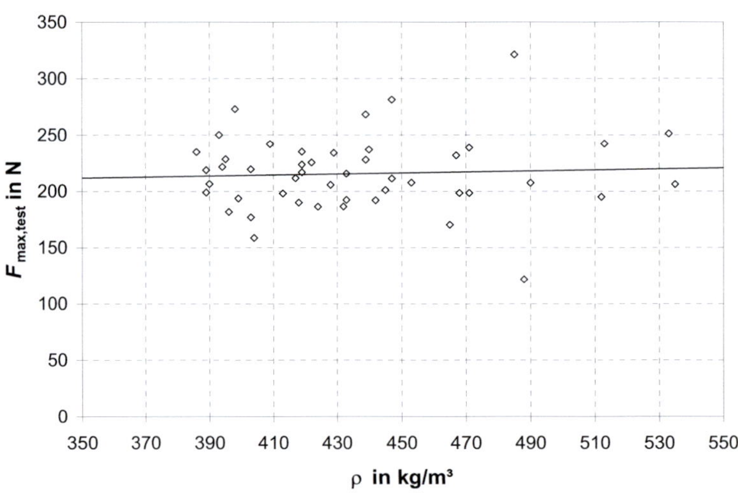

Bild 5-4   Höchstlast der CT-Proben in Abhängigkeit von der Rohdichte

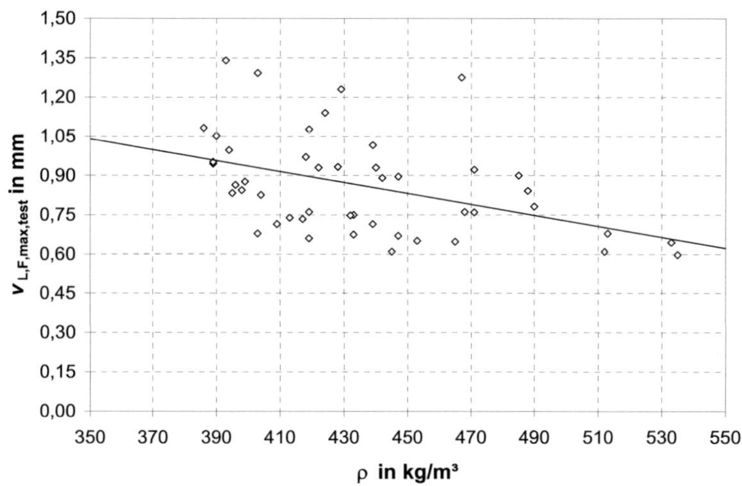

Bild 5-5   Verschiebung des Stabdübels v_L bei Höchstlast in Abhängigkeit von der Rohdichte

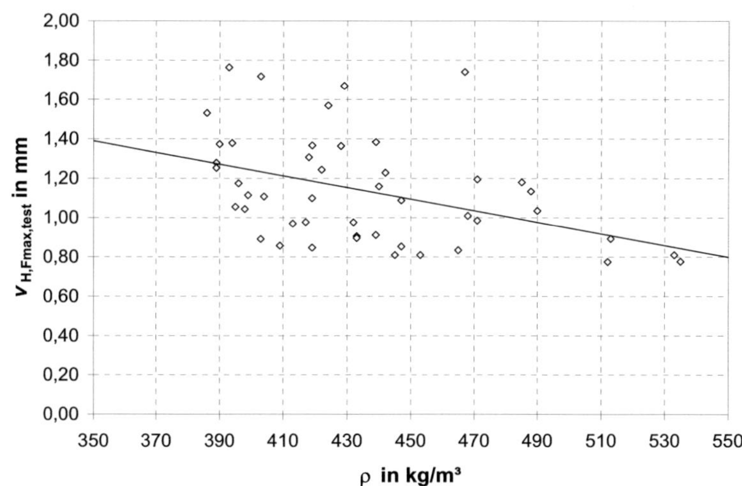

Bild 5-6   Am Hirnholz gemessene Öffnung der CT-Probe (gegenseitige Verschiebung v_H) bei Höchstlast in Abhängigkeit von der Rohdichte

Zur Kalibrierung der Federelemente wurden die CT Proben mit dem FE Programm ANSYS 11.0 modelliert und berechnet. Im statischen Modell wurde unter Ausnutzung der Symmetrie lediglich die halbe CT-Probe mit 4-Knoten-Scheibenelementen (PLANE 42) abgebildet. Für die Scheibenelemente werden die von Schmid (2002) angenommenen Materialeigenschaften der CT-Proben übernommen. Es wurde folgendes verallgemeinerte Hookesche Gesetz implementiert:

$$\begin{bmatrix} \varepsilon_{11} \\ \varepsilon_{22} \\ \varepsilon_{33} \\ \gamma_{23} \\ \gamma_{13} \\ \gamma_{12} \end{bmatrix} = \begin{bmatrix} 1/12800 & -0,011/275 & -0,011/275 & & & \\ -0,511/12800 & 1/275 & -0,203/275 & & & \\ -0,511/12800 & -0,203/275 & 1/275 & & & \\ & & & 1/55 & & \\ & & & & 1/550 & \\ & & & & & 1/550 \end{bmatrix} \cdot \begin{bmatrix} \sigma_{11} \\ \sigma_{22} \\ \sigma_{33} \\ \sigma_{23} \\ \sigma_{13} \\ \sigma_{12} \end{bmatrix} \qquad (12)$$

Bei der Berechnung der CT-Proben wurden lediglich die in Gleichung (12) angegebenen Elastizitätszahlen verwendet. Voruntersuchungen haben gezeigt, dass eine Variation der Steifigkeit der CT-Probe nur einen geringen Einfluss auf die berechnete Tragfähigkeit hat und somit vernachlässigt werden kann. Zu einem ähnlichen Ergebnis kamen auch Blaß und Bejtka (2008) bei der Kalibrierung von Interface-Elementen auf Basis der gleichen CT-Proben.

Im Bereich der Risslinie wurden Federelemente (COMBIN 39) verwendet. Bei diesen Federelementen ist es möglich, nicht-lineare Federgesetze über Angabe von bis zu 20 Stützpunkten frei zu definieren. Bild 5-7 zeigt das mechanische Modell der CT-Probe, welches für die FE-Berechnungen verwendet wurde. Insgesamt wurden auf der Restlänge von 76 mm 77 Federelemente angeordnet, so dass die Einzugsbreite eines Elementes 1 mm und für die beiden Randfedern 0,5 mm betrug. Für die Federelemente wurde das in Bild 5-8 dargestellte nicht-lineare Federgesetz verwendet. Bereits Schmid (2002) erzielte bei seinen FE-Berechnungen an CT-Proben die beste Übereinstimmung zu den Versuchsergebnissen mit einem qualitativ ähnlichen Ansatz für das Federgesetz. Beim gewählten Federgesetz wird bis zur Grenzverschiebung u_{gr} ein ideal-elastisches Materialverhalten vorausgesetzt. Unter Annahme einer Prozesszonenhöhe von $\Delta p = 1$ mm folgt somit für u_{gr}:

$$u_{gr} = \varepsilon_{gr} \cdot \Delta p = \frac{f_{t,90}}{E_{90}} \cdot \Delta p \qquad (13)$$

Für Verschiebungen u zwischen u_{gr} und $u_{gr}+\Delta u_{pl}$ wird ein ideal-plastisches Verhalten der Federelemente angenommen. Im anschließenden Nachbruchbereich sind die Fasern bereits zum Teil getrennt, so dass die Tragfähigkeit abnimmt. Bei Erreichen einer Verschiebung u_e können keine Kräfte mehr durch die Fasern übertragen werden. Ggf. auftretende Druckkräfte rechtwinklig zur Faserrichtung werden ebenfalls durch die Federkennlinie berücksichtigt.

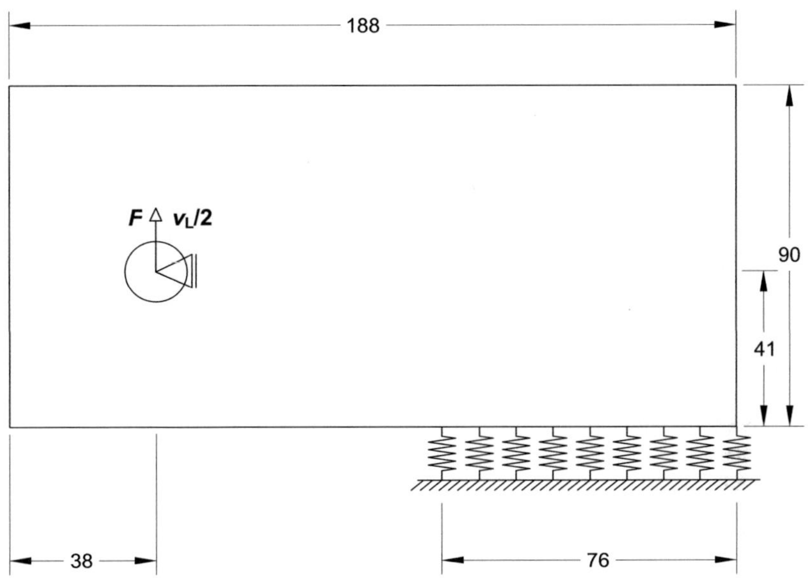

Bild 5-7   Modell der halben CT-Probe zur Kalibrierung der Federelemente

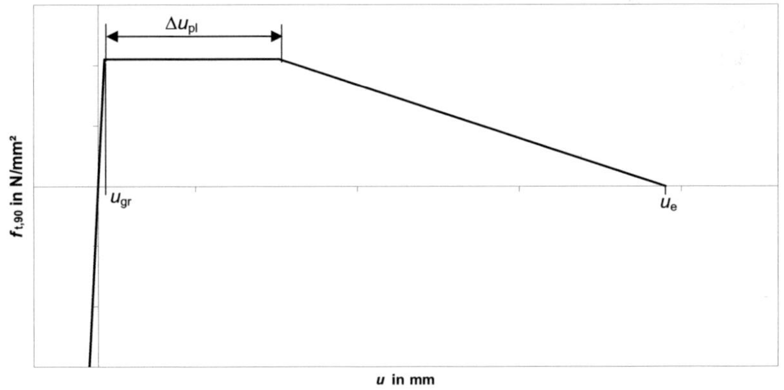

Bild 5-8   Nicht-lineares Federgesetz für die halbe CT-Probe

Mit dem FE-Modell wurde für jede der insgesamt 50 CT-Proben das Last-Verschiebungsdiagramm berechnet. Für die Parameterstudien wurden aufgrund der höheren Genauigkeit die Wegmessungen v_L zwischen den Stabdübelachsen herangezogen. Die Parameter $f_{t,90}$, Δu_{pl} und u_e wurden innerhalb der Studien so variiert, dass zwischen den berechneten Last-Verschiebungskurven und den Versuchsergebnissen die beste Übereinstimmung erzielt wurde. Insgesamt wurden über 800 FE-Berechnungen durchgeführt. Bei einem Teil der Versuche konnte keine ausreichende Korrelation zwischen berechneten Last-Verschiebungsverhalten und Versuchsergebnissen erreicht werden. Dieses ist u. a. darauf zurückzuführen, dass bei einigen Versuchen ein frühzeitiges instabiles Risswachstum zu beobachten war. Bei der Kalibrierung der Federelemente konnten daher nicht alle Versuche berücksichtigt werden, so dass nur 47 der 50 simulierten Versuche in die Auswertung einflossen. In Tabelle 9-23 des Anhangs sind die Ergebnisse der Parameterstudien für die verwertbaren Versuche zusammengestellt. Für die angegebenen Werte der Parameter $f_{t,90}$, Δu_{pl} und u_e konnte die beste Übereinstimmung zu den Versuchsergebnissen erzielt werden. Des Weiteren ist die Rohdichte der Prüfkörper aufgeführt.

Für die Korrelationsanalyse wurden die Lasten zu den jeweiligen Verschiebungen an der halben CT-Probe mit dem FE-Programm ermittelt. Es wurden Intervallschritte von 0,05 mm gewählt. Zur Gegenüberstellung von Berechnungs- und Versuchsergebnissen wurden erforderlichenfalls Zwischenwerte der Messergebnisse linear interpoliert. Die Lasten aus den Versuchen wurden den Ergebnissen der Simulationsrechnung für die einzelnen Intervallschritte gegenübergestellt und der Korrelationskoeffizient R berechnet, der in Tabelle 9-23 aufgeführt ist.

Bild 5-9 zeigt das Last-Verschiebungsdiagramm eines Versuches mit einer guten Übereinstimmung zu den Simulationsrechnungen. Die Last-Verschiebungskurve bezieht sich auf die ganze CT-Probe. In Bild 5-10 ist für diesen Versuch die Korrelationsuntersuchung dargestellt. Es sei angemerkt, dass der Korrelationskoeffizient lediglich als Hilfsmittel für die Anpassung innerhalb der Parameterstudien verwendet wurde. Die Güte der Übereinstimmung der Last-Verschiebungskurven lässt sich jedoch nicht alleinig durch eine derartige Korrelationsuntersuchung festlegen.

Für die mittlere Rohdichte von ρ_m = 436 kg/m³ der 47 verwerteten Versuche ergaben sich die folgenden mittleren Parameter für das Federgesetz:

$$f_{t,90} = 0,928\,\text{N/mm}^2; \quad u_{gr} = 0,00169\,\text{mm}; \quad \Delta u_{pl} = 0,087\,\text{mm}; \quad u_e = 0,191\,\text{mm} \tag{14}$$

Aus der Verschiebung u_e lässt sich die Rissspitzenöffnung der CT-Probe bestimmen:

$$\delta_t = 2 \cdot u_e = 0,38\,\text{mm} \tag{15}$$

Dieses Ergebnis stimmt recht gut mit den Berechnungen von Schmid (2002) überein. Er berechnet in Anlehnung an Dugdales Modell die Rissspitzenöffnung für die untersuchten CT-Proben aus Fichte im Mittel zu $\delta_{t,c}$ = 0,34 mm.

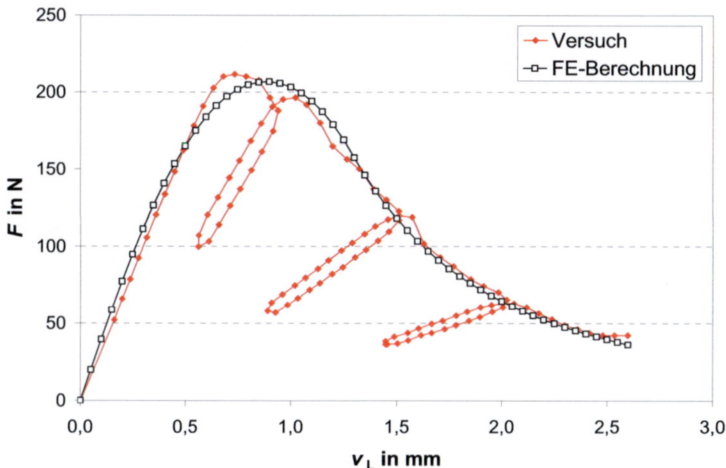

Bild 5-9   Last-Verschiebungsdiagramm aus Berechnung und Versuch für CT-Probe 02b

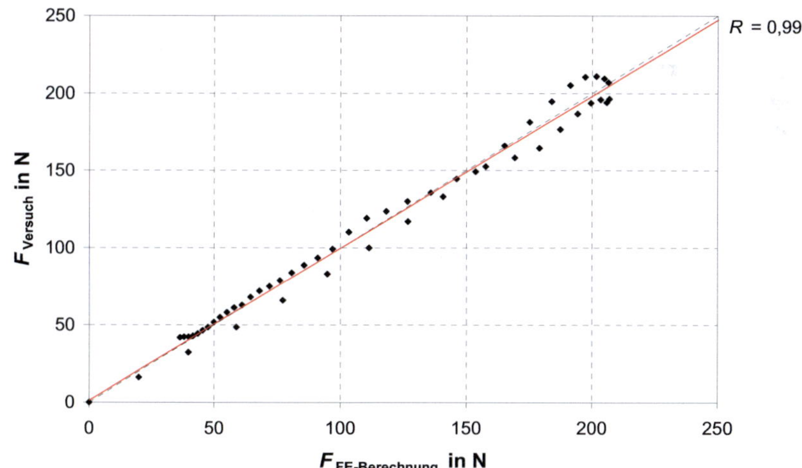

Bild 5-10   Lasten aus Versuch und Berechnung für Verschiebungen bis 2,6 mm an der Lasteinleitung (Intervallgröße 0,05 mm) für CT-Probe 02b

In Bild 5-11 sind die Höchstlasten der CT-Proben den berechneten Werten gegen-übergestellt. Der Korrelationskoeffizient nach der Methode der kleinsten Abstands-quadrate beträgt $R = 0,99$. Ein Vergleich zwischen den im Versuch festgestellten Verschiebungen bei Maximallast $v_{L,F,max,test}$ und den durch Berechnung ermittelten Verschiebungen $v_{L,F,max,cal}$ ist in Bild 5-12 dargestellt. Der Korrelationskoeffizient R beträgt 0,74.

Bild 5-13 bis Bild 5-15 zeigen die Parameter des jeweils angepassten nicht-linearen Federgesetzes in Abhängigkeit von der Rohdichte der zugehörigen CT-Probe. Auf Grundlage einer linearen Regressionsanalyse können $f_{t,90}$, Δu_{pl} und u_e für unter-schiedliche Rohdichten ermittelt werden. Die Gleichungen der Regressionsgeraden können den jeweiligen Diagrammen entnommen werden. Auf Grundlage der Regres-sionsgleichungen wurden die Parameter für die 47 CT-Proben ermittelt und die Höchstlasten mit dem FE-Modell berechnet. Diese sind in Bild 5-16 in Abhängigkeit von der Rohdichte dargestellt. Das Mittel der Höchstlasten der CT-Proben wird im Vergleich zu den Versuchsergebnissen erwartungsgemäß mit einer guten Überein-stimmung berechnet, vgl. Bild 5-4.

Bild 5-17 zeigt das Last-Verschiebungsdiagramm für Versuch 02b aus einer Berech-nung am FE-Modell unter Verwendung der über die Rohdichte angepassten Parame-ter. In Bild 5-18 ist das Resultat einer Vergleichsrechnung mit den mittleren Parame-tern nach Gleichung (14) zu sehen.

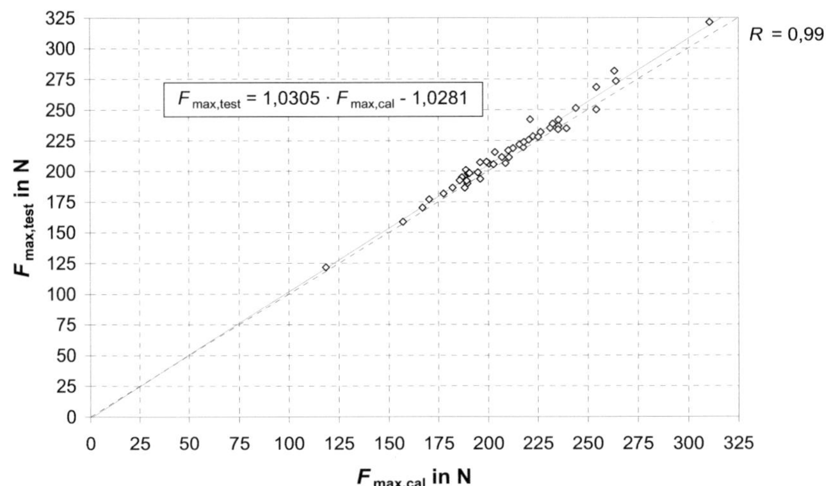

Bild 5-11   Maximallasten der CT-Proben aus Versuch und FE-Berechnung

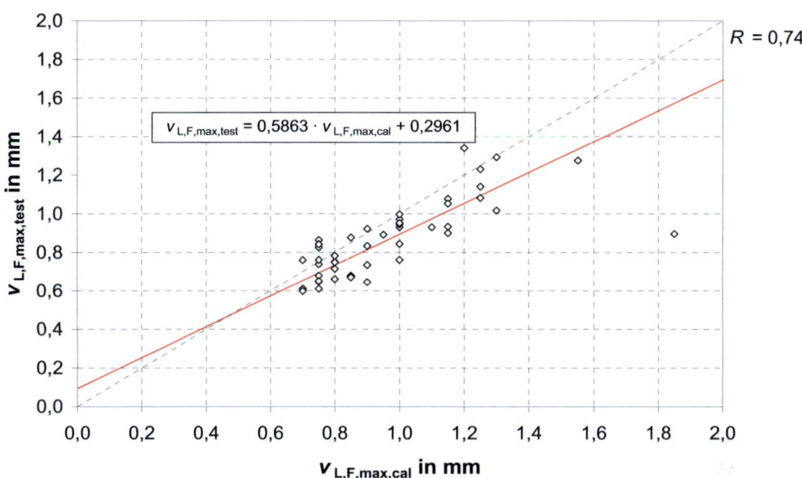

Bild 5-12   Vergleich zwischen den Verschiebungen bei Maximallast aus Versuch und Berechnung am FE-Modell der CT-Probe

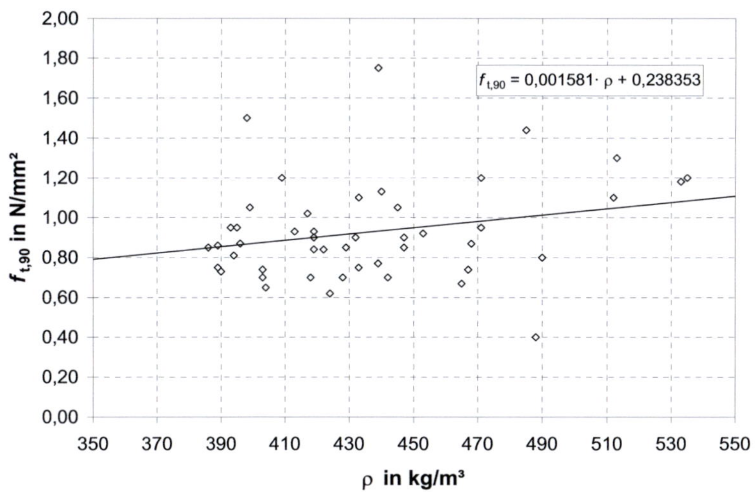

Bild 5-13   Parameter $f_{t,90}$ in Abhängigkeit von der Rohdichte der CT-Proben

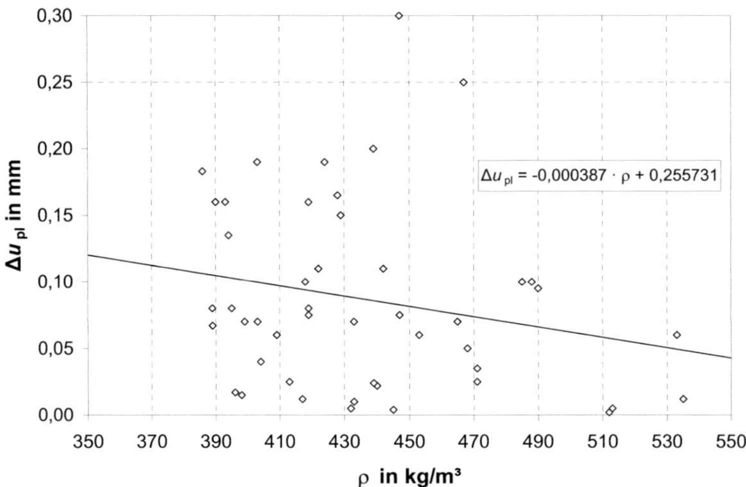

Bild 5-14　　Parameter Δu_{pl} in Abhängigkeit von der Rohdichte der CT-Proben

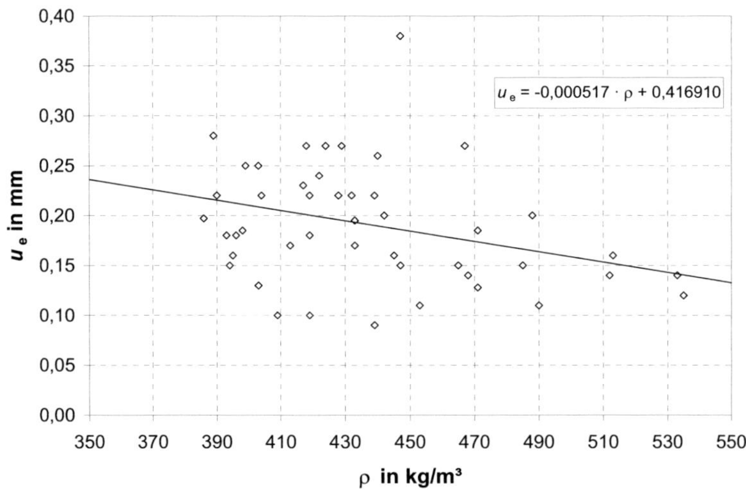

Bild 5-15　　Parameter u_e in Abhängigkeit von der Rohdichte der CT-Proben

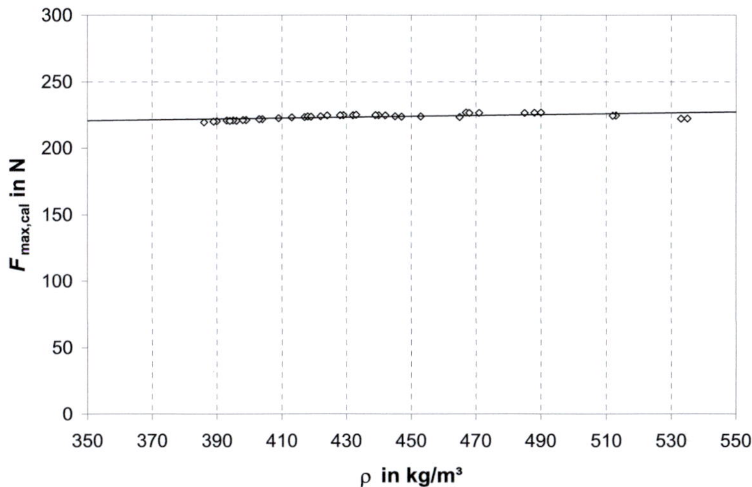

Bild 5-16 Berechnete Höchstlast der CT-Proben in Abhängigkeit von der Rohdichte, für Parameter $f_{t,90}$, Δu_{pl} und u_e aus Regressionsgleichungen

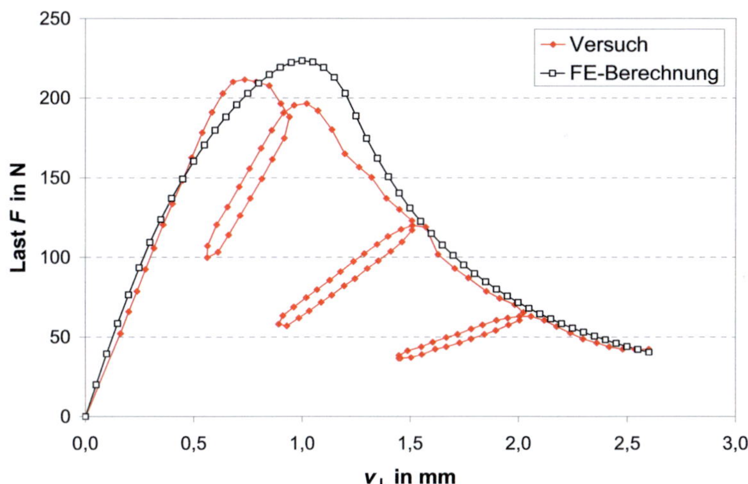

Bild 5-17 Last-Verschiebungsdiagramm für CT-Probe 02b aus Versuch und Berechnung mit dem nicht-linearen Federgesetz unter Verwendung der über die Rohdichte angepassten Parameter

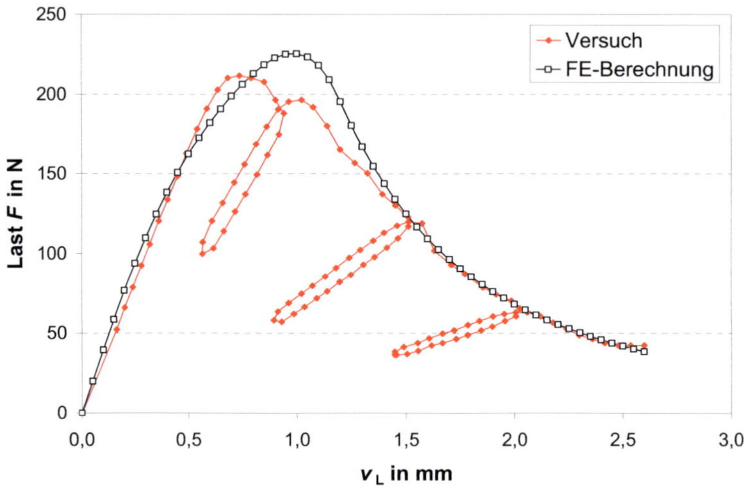

Bild 5-18   Last-Verschiebungsdiagramm für CT-Probe 02b aus Versuch und Berechnung mit dem nicht-linearen Federgesetz unter Verwendung der mittleren Parameter nach Gleichung (14)

5.1.3   Berechnung des Rissfortschritts beim Einschrauben

Zur Berechnung des Rissfortschritts wird die ermittelte Ersatzlast (Abschnitt 4.4) schrittweise in Einschraubrichtung auf das in Abschnitt 5.1.1 beschriebene Modell aufgebracht. Nach jedem Belastungsschritt wird die Auslastung der Querzugfedern berechnet. Wird in den Federn im Lastschritt i eine Verschiebung erreicht, die größer ist als der Grenzwert u_{gr}, wird das Federgesetz angepasst. Im nächsten Belastungsschritt $(i + 1)$ wird bei diesen Federn das geänderte Federgesetz berücksichtigt. Im Bereich der plastischen Verformungen $(u_{gr} < u_i \leq u_{gr} + \Delta u_{pl})$ wird angenommen, dass die Ersatzfedern erst bei Erreichen der maximalen Verschiebung vorangegangener Lastschritte $(u_i \geq \max\{u_1; u_2; ...; u_{i-1}\})$ wieder Zugkräfte in Höhe von $f_{t,90}$ übertragen können. Im Nachbruchbereich $(u_{gr} + \Delta u_{pl} < u_i \leq u_e)$ wird die gleiche Vorgehensweise angewendet. Hier sind die Fasern bereits teilweise getrennt. Die verbleibenden Fasern weisen in Abhängigkeit der bereits erfolgten Verformung eine Resttragfähigkeit auf, die jedoch erst aktiviert werden kann, wenn die maximale Verschiebung vorheriger Lastschritte erreicht wird $(u_i \geq \max\{u_1; u_2; ...; u_{i-1}\} < u_e)$. Beim Erreichen der Maximalverschiebung u_e wird von einer völligen Trennung der Fasern ausgegangen, so dass keine Kräfte mehr übertragen werden können.

5.2   Experimentelle Rissflächenermittlung

Zur Verifizierung der simulierten Rissbilder und Risslängen werden Einschraubversuche vorgesehen. Zunächst werden wie in der Modellrechnung lediglich Schrau-
benbilder mit einer Schraube berücksichtigt, wobei die Parameter Schraubentyp,
Holzdicke, Rohdichte sowie Abstände variiert werden.

Eine sinnvolle Überprüfung der Rissausbreitung muss in der Rissebene über die ge-
samte Querschnittshöhe des Versuchsholzes erfolgen. Zur Visualisierung der Rissausbreitung wurde ein bereits von Lau et al. (1987) angewendetes Verfahren aufge-
griffen. Hierbei wird die Schraube wie üblich in ein Versuchsholz eingeschraubt, siehe Bild 5-19 und Bild 5-20. Das Einschrauben erfolgt mit Hilfe einer Schablone, um
ein Verlaufen der Schraube innerhalb des Holzes zu verhindern. Eine Behinderung
der Rissbildung im Holz durch Reibung oder Zwängungen während des Einschraubvorganges wird weitgehend ausgeschlossen. Beim Eindrehen der Schraube wird
darauf geachtet, dass der Kopf mindestens bündig mit der Holzoberfläche abschließt.
Im Anschluss an den Einschraubvorgang wird die Schraube wieder hinausgedreht.
Die durch das Durchschrauben entstandene Austrittsöffnung im Holz wird oberfläch-
lich abgedichtet. Anschließend wird eine dünnflüssige Farbe (z. B. farbige Beize) in
das durch das Einschrauben entstandene Loch eingefüllt, siehe Bild 5-21.

Bild 5-19   Einschrauben unter Verwendung einer Schablone

Bild 5-20　　　　Vermeidung von Zwängungen und Reibung beim Einschrauben

Bild 5-21　　　　Abdichten der Prüfkörper und Einbringen der Farbe

Aufgrund der Kapillarwirkung breitet sich die Farbe entlang der entstandenen Risse im Holz aus, so dass der gerissene Bereich eingefärbt wird. Voruntersuchungen haben gezeigt, dass sich die ausgewählte Farbe i. d. R. lediglich im Bereich der Risse ausbreitet. Nach einer Trocknungszeit wurden die Hölzer in der Rissebene mit einem Stemmeisen entlang der Faserrichtung geöffnet, so dass die eingefärbten Rissflächen sichtbar werden. Um ein präzises Öffnen der Prüfkörper zu ermöglichen, wurden jeweils hirnholzseitig in der Rissebene Sägeschnitte vorgesehen. Das Einsägen wurde so durchgeführt, dass die Sägeschnitte außerhalb des eingefärbten Rissbereichs lagen. In Bild 5-22 ist das Öffnen der Prüfkörper dargestellt.

Eine Einfärbung außerhalb der Risse kann im Bereich der maßgebenden Rissspitzen und Rissflanken ausgeschlossen werden oder ist lediglich gering. Zum Nachweis wurden u. a. Hölzer mit eingefärbten Rissen rechtwinklig zur Faserrichtung bzw. zur Rissebene aufgetrennt, so dass der eingefärbte Riss im Holzquerschnitt sichtbar wurde. Durch Auftrennen des Holzes in regelmäßigen Abständen konnte somit das Risswachstum im Querschnitt entlang der Rissfortschrittsrichtung sichtbar gemacht werden. Bild 5-23 zeigt die Querschnitte eines Prüfkörpers bei Auftrennung in Abständen von je rund 10 mm. Hieraus wird ersichtlich, dass das Holz eindeutig nur im unmittelbaren Rissbereich eingefärbt wird.

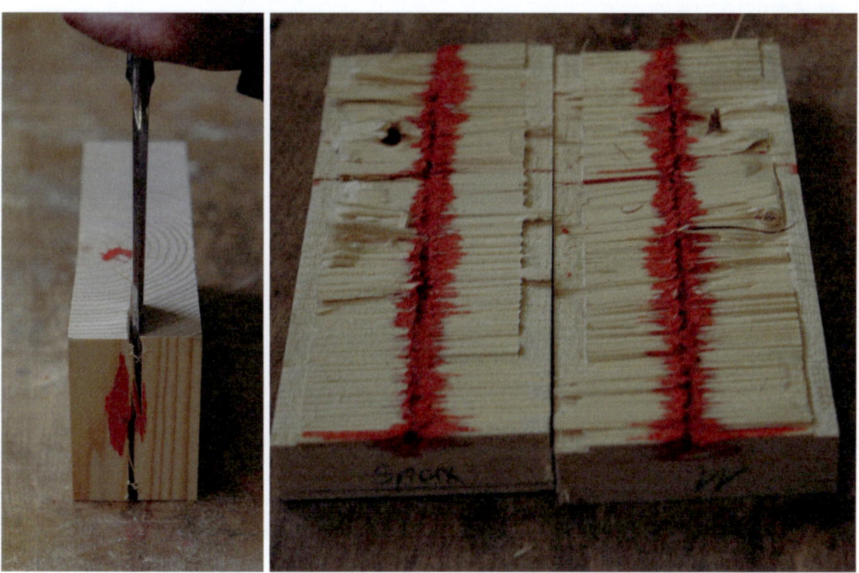

Bild 5-22   Auftrennen der Prüfkörper und geöffneter Prüfkörper

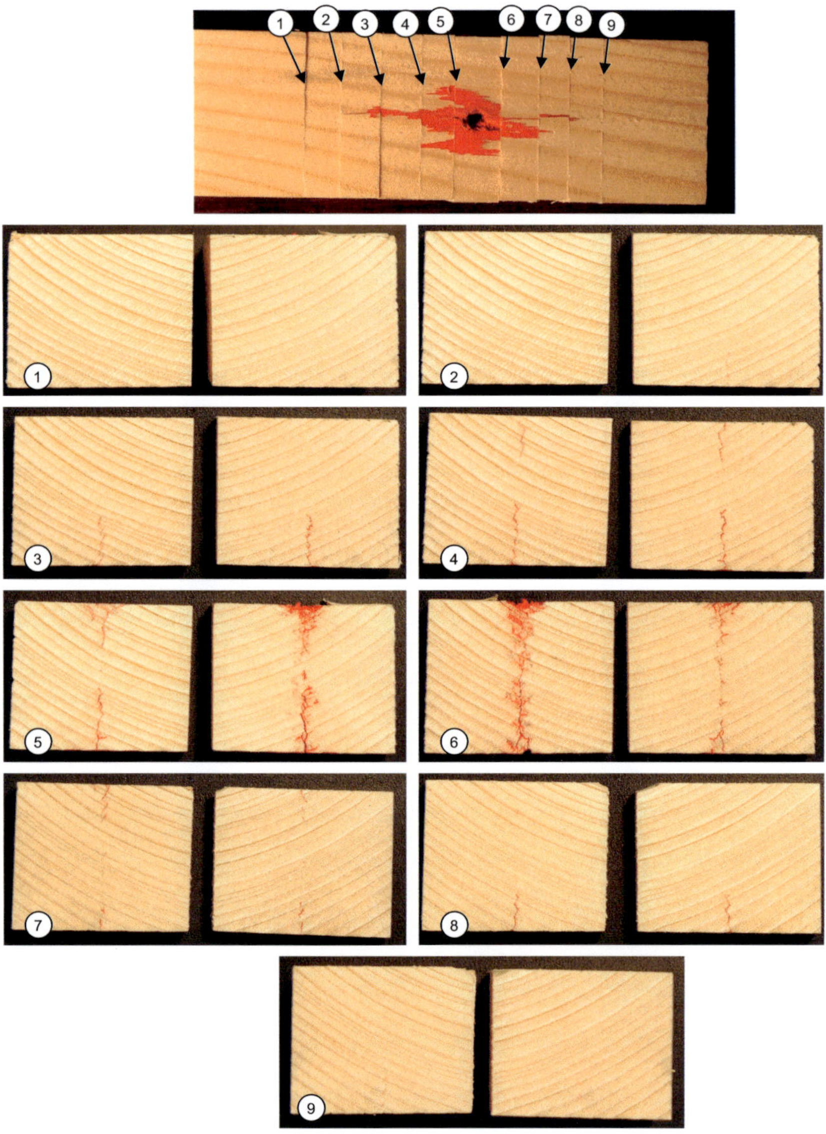

Bild 5-23   In mehreren Querschnitten aufgetrennter Prüfkörper mit Einfärbung des Rissbereichs entlang des Rissfortschritts

Mit einem Messprojektor wurde die quantitative Rissausdehnung an den aufgetrennten Prüfkörpern festgestellt. Die Begrenzungen der Rissflächen wurden hierfür durch Messkurven erfasst. Die Anzahl der Messpunkte wurde so gewählt, dass der resultierende Graph das charakteristische Rissbild des Prüfkörpers wiedergibt und eine Berechnung der Rissfläche möglich wird. Bild 5-24 zeigt das typische Rissbild eines Prüfkörpers. In der Darstellung sind die Graphen eingetragen, die die Begrenzungen der Rissflächen bilden. Diese Graphen wurden mit Hilfe der Koordinaten der Messpunkte aus der Rissflächenvermessung generiert. Für die weiteren Auswertungen wurden die in Bild 5-25 angegebenen Risslängen- und Rissflächenbezeichnungen definiert.

Als weiteres Kriterium zur Beschreibung der Rissausdehnung werden die Abstände e_{085} definiert, siehe Bild 5-26. Innerhalb des Abstandes e_{085} von der Schraubenachse liegen 85 Prozent der jeweiligen Rissfläche $A_{Ri,1}$ bzw. $A_{Ri,3}$. Analog zur Bezeichnung der Rissfläche bezieht sich der Abstand $e_{085,1}$ auf die Rissfläche zwischen Schraubenachse und Hirnholzfläche. Der Abstand $e_{085,3}$ bezieht sich auf die Rissfläche $A_{Ri,3}$. Außerdem werden die Abstände e_{050} und e_{095} eingeführt. Innerhalb dieser Abstände liegen entsprechend 50 Prozent bzw. 95 Prozent der jeweiligen Rissfläche. In Bild 5-27 bis Bild 5-29 sind für ein konkretes Rissbild eines Prüfkörpers die Abstände $e_{085,1}$ und $e_{085,3}$, $e_{050,1}$ und $e_{050,3}$ bzw. $e_{095,1}$ und $e_{095,3}$ dargestellt. Zur Charakterisierung und zum Vergleich von Rissbildern erweist sich insbesondere der Abstand e_{085} als geeignet, da er i. d. R. die Rissfläche signifikant beschreibt. Die Ermittlung eines funktionalen Zusammenhangs zu einer exakten Beschreibung der Rissflächen erweist sich aufgrund der großen Streuungen innerhalb ihrer Geometrie und Ausdehnung nicht als zweckmäßig.

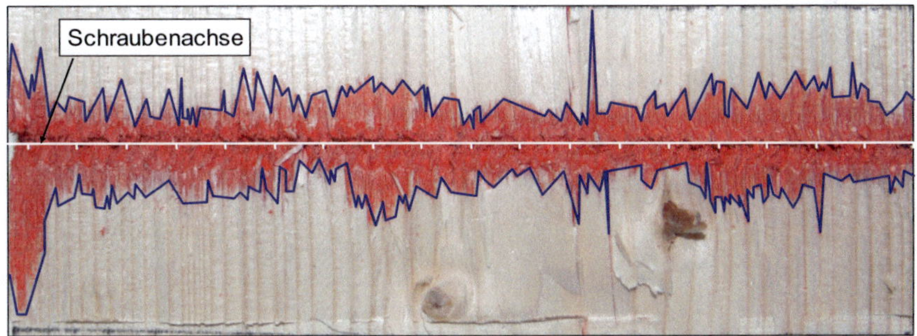

Bild 5-24   Aufgetrennter Prüfkörper zur Ermittlung der Rissausdehnung, Rissfläche mit Graphen der Rissflächenbegrenzung aus der Messung am Messprojektor

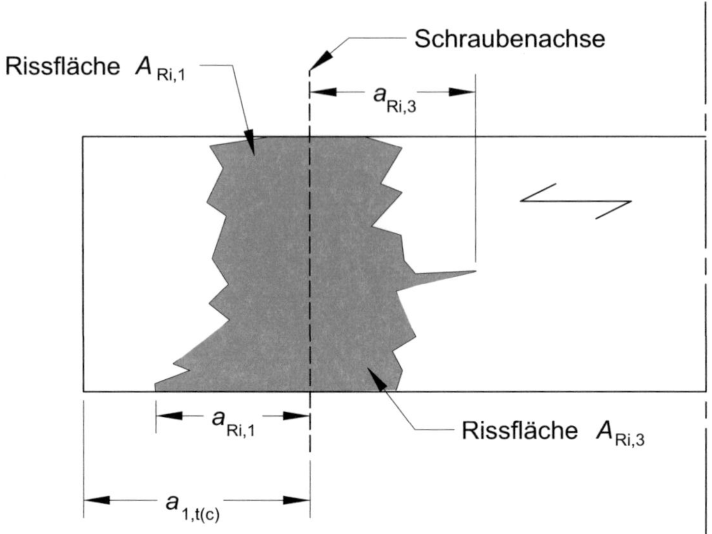

Bild 5-25   Definition der Rissflächen und Risslängen

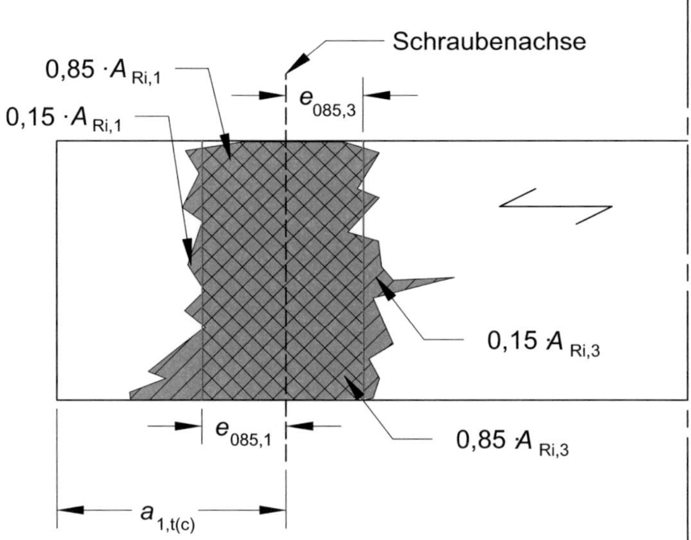

Bild 5-26   Definition der Abstände e_{085}

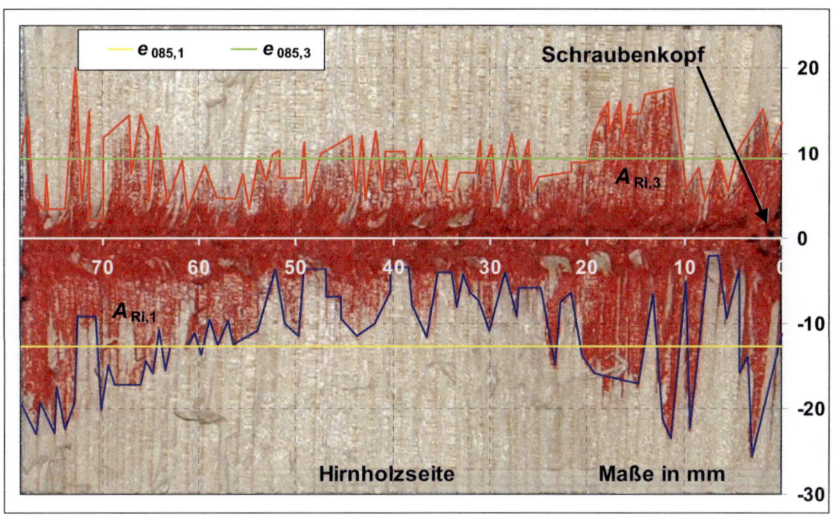

Bild 5-27 Rissbild mit Messkurven und Abständen e_{085}, hier: Versuch 2.A-03, Schraubentyp A, d = 8 mm, $a_{1,c}$ = 56 mm, $a_{2,c}$ = 24 mm, t = 80 mm, ρ = 497 kg/m³

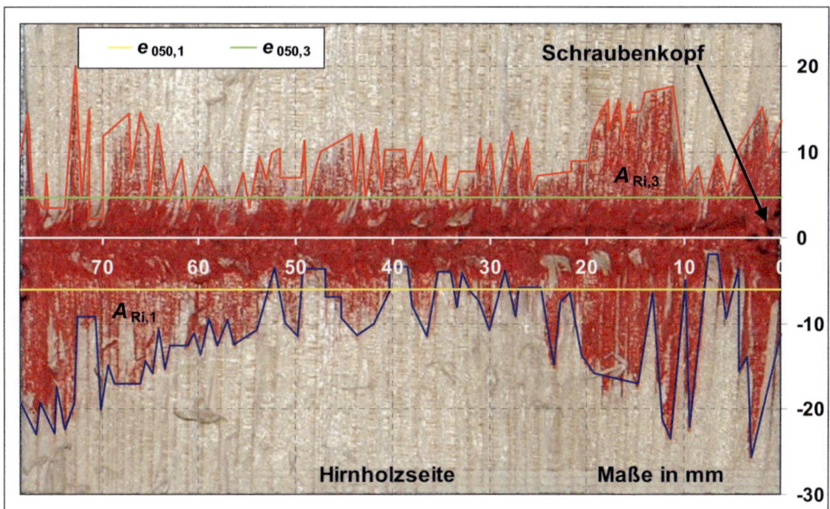

Bild 5-28 Rissbild mit Messkurven und Abständen e_{050}, hier: Versuch 2.A-03, Schraubentyp A, d = 8 mm, $a_{1,c}$ = 56 mm, $a_{2,c}$ = 24 mm, t = 80 mm, ρ = 497 kg/m³

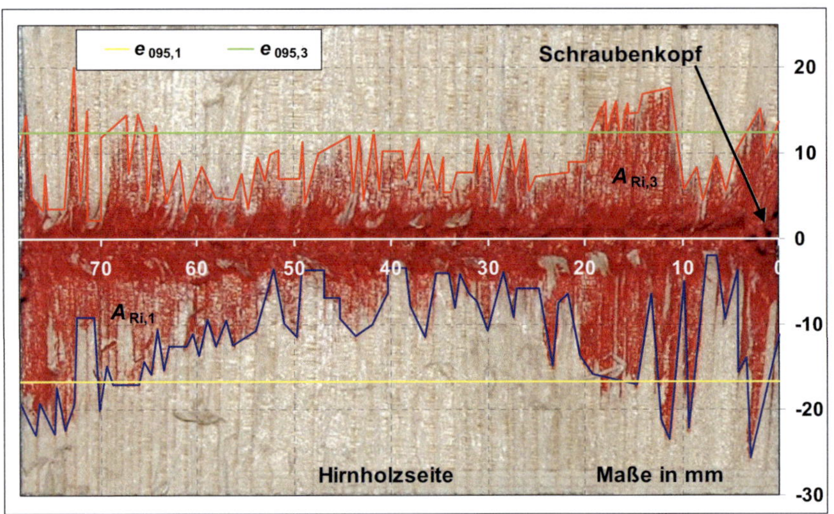

Bild 5-29   Rissbild mit Messkurven und Abständen e_{095}, hier: Versuch 2.A-03, Schraubentyp A, d = 8 mm, $a_{1,c}$ = 56 mm, $a_{2,c}$ = 24 mm, t = 80 mm, ρ = 497 kg/m³

In Tabelle 5-1 sind die Konfigurationen der Versuchsreihen zusammengestellt, mit denen für die Schraubentypen A, B und C Rissflächen experimentell ermittelt wurden. Die Versuchsergebnisse sollen dem Modell für die numerische Rissflächenberechnung zur Kalibrierung und Verifizierung dienen.

In den Versuchsreihen wurden der Schraubentyp, die Holzdicke und der Abstand zum Hirnholz variiert. Die Prüfkörper bestanden aus Nadelholz der Holzart Fichte/Tanne. Innerhalb jeder Versuchsreihe wurden Hölzer unterschiedlicher Rohdichte verwendet, um den Einfluss der Rohdichte auf die Rissbildung zu erfassen. Soweit es möglich war, wurden die Hölzer so ausgewählt, dass bei den Einschraubversuchen einer Reihe unterschiedliche Winkel zwischen Schraubenachse und Jahrringtangente berücksichtigt werden konnten. Die an den Prüfkörpern ermittelten Winkel γ zwischen Schraubenachse und Jahrringtangente sind gemäß ihrer Definition (siehe Bild 4-20) in Tabelle 9-24 bis Tabelle 9-26 des Anhangs zusammengestellt. Der Abstand der Schrauben zum Rand rechtwinklig zur Faserrichtung betrug einheitlich $a_{2,c}$ = 3 · d = 24 mm. Das Versuchsprogramm umfasste 83 Einzelversuche in 16 Reihen, von denen 71 Versuche für die Auswertung geeignet waren. Zwölf Prüfkörper konnten nicht verwendet werden, da sie sich nicht in der Risslinie aufspalten ließen bzw. hierbei so zerstört wurden, dass eine Rissaufnahme nicht möglich war.

Tabelle 5-1   Übersicht der Einschraubversuche zur Ermittlung der Rissflächen

Versuchs-reihe	Holzdicke t in mm	Randabstände		Schraubenparameter		Versuchsanzahl	
		$a_{1,c}$ in mm	$a_{2,c}$ in mm	Hersteller	d in mm	gesamt	nicht geeignet
1.A	185	40	24	A	8	12	4
1.B	194	40	24	B	8	12	3
1.C	195	40	24	C	8	12	2
2.A	80	56	24	A	8	5	-
2.B	40	56	24	B	8	5	-
2.C	64	56	24	C	8	5	-
3.A	100	56	24	A	8	3	-
3.B	100	56	24	B	8	3	1
3.C	100	56	24	C	8	3	-
A.1	40	40	24	A	8	4	1
A.2	40	56	24	A	8	4	-
A.3	80	40	24	A	8	3	1
B.1	24	40	24	B	8	4	-
B.2	24	32	24	B	8	4	-
B.3.1	40	32	24	B	8	2	-
B.3.2	40	40	24	B	8	2	-

Die Ergebnisse der Versuche zur Ermittlung der Rissflächen sind in Tabelle 9-27 bis Tabelle 9-58 des Anhangs 9.4 dokumentiert. Neben der Rohdichte der Prüfkörper werden die maximalen Risslängen, die Größe der Rissflächen sowie die ermittelten Abstände e_{050}, e_{085} und e_{095} aufgeführt. In Bild 9-57 sind für die 71 Versuche die Rissflächen in Richtung des Hirnholzes $A_{Ri,1}$ gegenüber den Rissflächen $A_{Ri,3}$ abgetragen. Bild 9-58 zeigt einen Vergleich zwischen den zugehörigen Abständen $e_{085,1}$ und $e_{085,3}$. Das Ergebnis der Korrelationsanalyse zeigt, dass beide Rissflächen im Mittel eine ähnliche Größe aufweisen. Dieses gilt insbesondere, wenn der Abstand zum Hirnholz und/oder die Holzdicke ausreichend groß sind und z. B. die Anforderungen der Tabelle 2-2 erfüllen, so dass größere Risserscheinungen oder ein Aufspalten des Holzes i. d. R. nicht auftreten. Bei den Versuchen der Reihen 1.A bis 3.C waren diese Randbedingungen bezüglich der Holzdicke erfüllt. Für den Abstand zum Hirnholz $a_{1,c}$ trifft dieses nur auf einen Teil der Versuche zu. Bild 5-30 und Bild 5-31 zeigen die entsprechenden Vergleiche der Rissflächen bzw. der Abstände e_{085}. Eine Auswertung der Abstände e_{050} und e_{095} sind in Bild 9-59 und Bild 9-60 des Anhangs 9.4 aufgeführt.

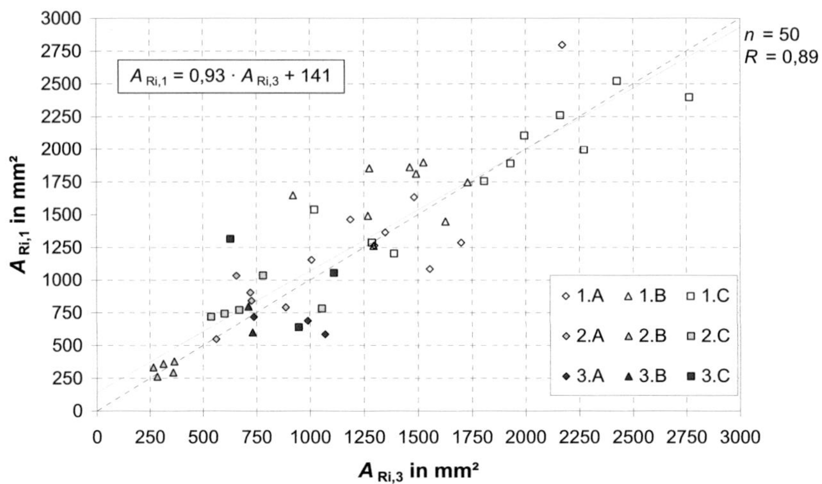

Bild 5-30   Vergleich der experimentell ermittelten Rissflächen $A_{Ri,1}$ und $A_{Ri,3}$ für die Versuchsreihen 1.A bis 3.C

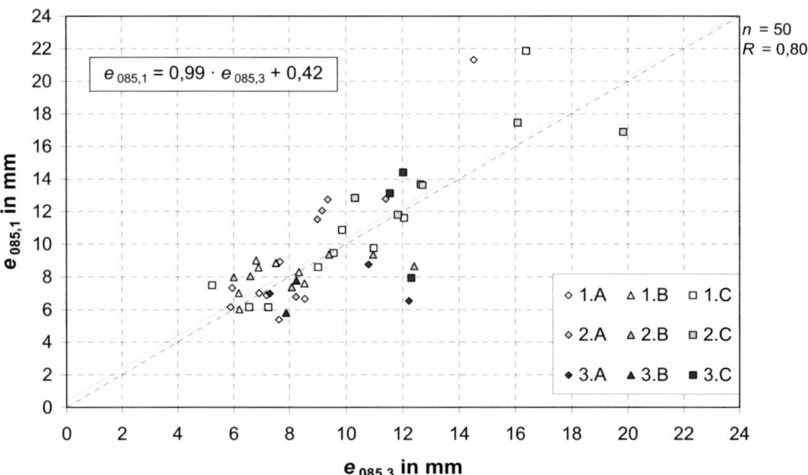

Bild 5-31   Abstand $e_{085,1}$ in Abhängigkeit von Abstand $e_{085,3}$ für die Versuchsreihen 1.A bis 3.C

Größenunterschiede zwischen den Rissflächen zum Hirnholz $A_{Ri,1}$ und der Rissfläche $A_{Ri,3}$ werden zumeist nur festgestellt, wenn ein Aufspalten oder instabiles Risswachstum auftritt, dessen Folge Risserscheinungen größeren Ausmaßes sind. Dasselbe gilt für die korrespondierenden Abstände $e_{085,1}$ und $e_{085,3}$. Daher wurde für einen Teil der folgenden Auswertungen auf eine entsprechende Differenzierung verzichtet.

In Bild 5-32 sind die Abstände $e_{085,1}$ und $e_{085,3}$ in Abhängigkeit von der jeweiligen Rohdichte dargestellt. Unabhängig von Schraubentyp, Rohdichte, Hirnholzabstand $a_{1,c}$ und Holzdicke t ergibt sich für die untersuchten 8er Schrauben eine Mindestausdehnung der Rissflächen. Zur Charakterisierung dieses Mindestwertes wurde für die 142 Beobachtungen der 5%-Quantilwert für den Abstand e_{085} zu 6,1 mm berechnet. Dieses entspricht ca. 76 % des Schraubennenndurchmessers bzw. dem rund 1,53-fachen des Radius. Im Einzelnen ergaben sich die 5%-Quantilen der Abstände e_{085} zu 5,9 mm für Schraubentyp A, zu 6,0 mm für Schraubentyp B und zu 6,1 mm für Schraubentyp C. Zur Verdeutlichung wird in Bild 9-61 des Anhangs 9.4 der Zusammenhang nochmals für die unterschiedlichen Holzdicken gezeigt. In Bild 9-62 ist die untere Grenze der Rissausdehnung auch anhand der Darstellung der Rissflächen $A_{Ri,1}$ und $A_{Ri,3}$ in Abhängigkeit von der Rohdichte zu erkennen. Für die Darstellung wurde die tatsächliche Rissfläche durch Division mit der potentiellen Rissfläche normiert. Die potentielle Rissfläche wurde jeweils als Produkt aus Holzdicke t und Hirnholzabstand $a_{1,c}$ berechnet.

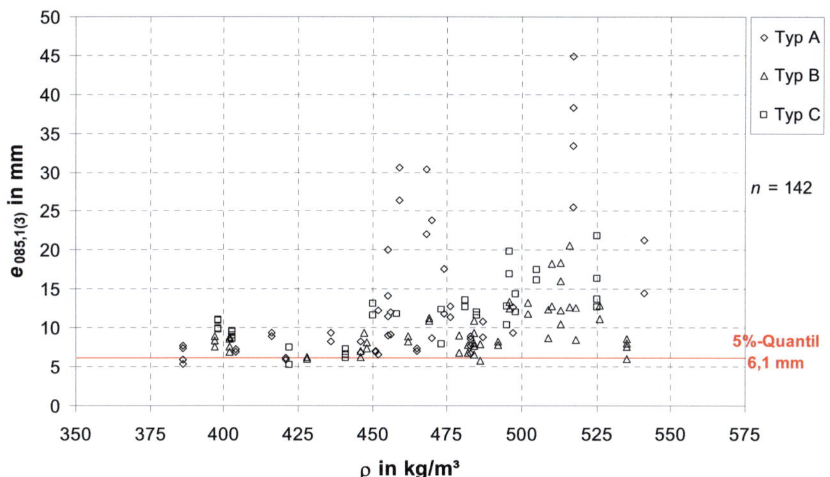

Bild 5-32   Abstand $e_{085,1}$ und Abstand $e_{085,3}$ in Abhängigkeit von der Rohdichte für alle Versuchsreihen

Als weitere Größe zur Beurteilung des Spaltverhaltens kann der Quotient aus Abstand $e_{085,1}$ und Hirnholzabstand $a_{1,c}$ verwendet werden. Hiermit kann die Gefahr des Versagens durch völliges Aufspalten bzw. Rissbildung bis zum Hirnholz quantifiziert werden. In Bild 5-33 und Bild 5-34 ist der Quotient in Abhängigkeit von der Rohdichte dargestellt. Bei den Versuchen der Reihen 1.A bis 3.C waren in allen Anordnungen die Mindestholzdicken nach Tabelle 2-2 eingehalten. Die Anforderungen an die Mindestabstände $a_{1,c}$ wurden in den Reihen 2 und 3 nur für die Schraubentypen A und C erfüllt. In der Reihe 1 betrug der Abstand zum Hirnholz lediglich $a_{1,c} = 5 \cdot d$, wobei jedoch die Holzdicke deutlich größer als der erforderliche Mindestwert gewählt wurde. Die Holzdicke t betrug das 2,3-fache (Typ A), das 3-fache (Typ C) bzw. 4,85-fache (Typ B) der jeweiligen Mindestholzdicke nach Tabelle 2-2, die von Blaß et al. (2006) mit konventionellen Einschraubversuchen ermittelt wurde. Eine Besonderheit dieser Versuchsreihe war außerdem, dass bei der völlig eingedrehten Schraube die Schraubenspitze die Holzoberfläche nicht völlig durchdrang. In den übrigen Versuchsreihen (A.1, A.2, A.3, B.1, B.2, B.3.1, B.3.2) wurden die Anforderungen an die Mindestabstände $a_{1,c}$ und/oder Mindestholzdicken nicht eingehalten, da in diesen Versuchen auch größere Rissbildungen bzw. Spalterscheinungen auftreten sollten. Mit diesen Versuchen sollen im Rahmen der Verifizierung des Rechenmodells (Abschnitt 5.3) die Simulationsergebnisse auch im Grenzbereich des Versagens überprüft werden. Die größten Risserscheinungen sind bei Prüfkörpern mit höheren Rohdichten zu beobachten. Bei diesen Prüfkörpern ist auch die Gefahr des Aufspaltens infolge eines dynamischen Risswachstums höher.

Sind die Randbedingungen so eingehalten, dass lediglich Risserscheinungen geringeren Ausmaßes auftreten, ist die Abhängigkeit der Rissausdehnung von der Rohdichte nur noch tendenziell vorhanden. Das gilt insbesondere für Hölzer, deren Rohdichte weniger als 450 kg/m³ bis 475 kg/m³ beträgt. Ein derartiges Verhalten zeigte sich auch bei den Versuchen der Reihe 1, bei denen sich zudem die Ergebnisse für Prüfkörper geringerer Rohdichte kaum für die drei Schraubentypen unterscheiden. Dieses kann jedoch auch mit dem nicht völligen Durchschrauben der Bohrspitze erklärt werden. Durch das Austreten der Schraubenspitze aus dem Holz wird i. d. R. ein weiteres Risswachstum hervorgerufen, das zu einer Vergrößerung der Rissfläche führt.

Im Allgemeinen unterliegen die in Einschraubversuchen ermittelten Rissflächen großen Streuungen innerhalb einer Versuchsreihe. Selbst bei gleichen Prüfkörpereigenschaften ist die Reproduzierbarkeit von Versuchsergebnissen problematisch. Dieses ist u. a. auf lokale strukturelle Änderungen des Holzes zurückzuführen. Ein weiterer Grund liegt in dem nicht bekannten Eigenspannungszustand der Prüfkörper, welcher die Rissausbreitung beeinflussen kann.

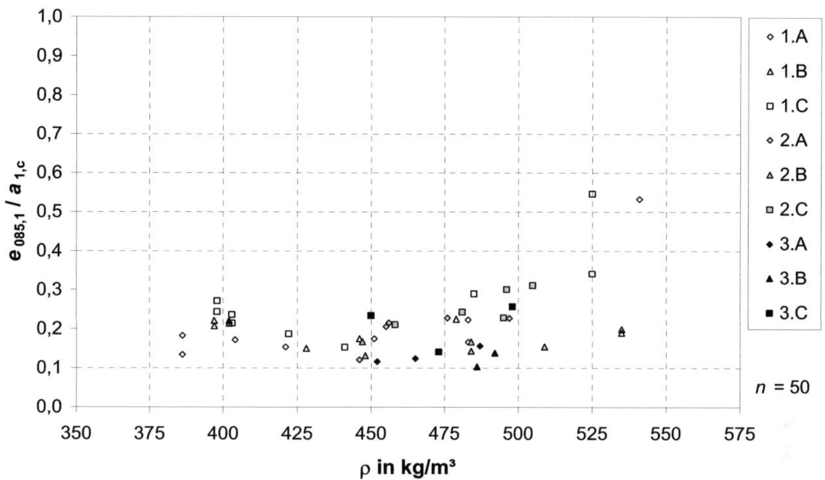

Bild 5-33   Quotient aus Abstand $e_{085,1}$ und Hirnholzabstand $a_{1,c}$ in Abhängigkeit von der Rohdichte für die Versuchsreihen 1.A bis 3.C

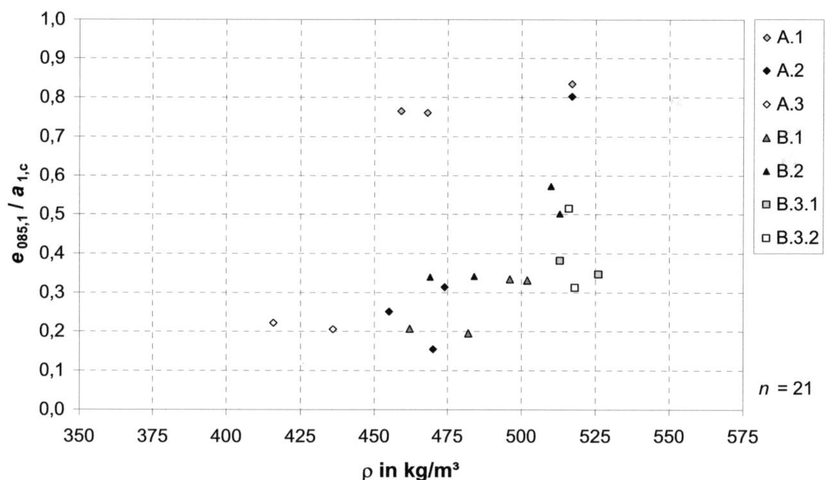

Bild 5-34   Quotient aus Abstand $e_{085,1}$ und Hirnholzabstand $a_{1,c}$ in Abhängigkeit von der Rohdichte für die Reihen A.1, A.2, A.3, B.1, B.2 und B.3

Mit Hilfe einer multiplen Regressionsanalyse wurden Modelle zur Ermittlung von Vorhersagewerten für die Abstände $e_{085,1}$ und $e_{085,3}$ abgeleitet. Aufgrund der Abweichungen in der Versuchsdurchführung wurden die Ergebnisse der Reihe 1 bei der Auswertung nicht berücksichtigt, so dass lediglich 88 von insgesamt 142 Beobachtungen zur Verfügung standen. Des Weiteren wurden der Schraubendurchmesser und der Abstand zum Bauteilrand rechtwinklig zur Faserrichtung ($a_{2,c}$) nicht in die Regressionsuntersuchungen einbezogen. Diese Parameter wurden bei den Versuchen zur Verifizierung des numerischen Rechenmodells nicht variiert, so dass der Gültigkeitsbereich der Modelle zur Vorhersage der Rissausdehnung entsprechend eingeschränkt werden muss. Vorhersagewerte für die Abstände $e_{085,1}$ bzw. $e_{085,3}$ können mit Gleichung (16) berechnet werden.

$$e_{085,1(3)} = 0,004 \cdot \rho^{1,96} \cdot a_{1,c}^{-0,05} \cdot t^{-0,88} \cdot \kappa_{Typ}^{2,02} \quad \text{in mm} \tag{16}$$

mit

ρ Rohdichte in kg/m³

$a_{1,c}$ Abstand des Verbindungsmittels zum unbeanspruchten Hirnholz in mm

t Holzdicke in mm

κ_{Typ} Beiwert zur Berücksichtigung von schraubenspezifischen Einflüssen auf das Spaltverhalten

     κ_{Typ} = 1,00 für Typ A, Referenzschraube

     κ_{Typ} = 0,58 für Typ B

     κ_{Typ} = 0,91 für Typ C

Verbindungsmittelspezifische Einflüsse auf das Spaltverhalten werden über den Beiwert κ_{Typ} erfasst, welcher aus den Ergebnissen der Versuche zur Ermittlung der Spaltkräfte abgeleitet wurde. Der Beiwert κ_{Typ} gibt das Verhältnis zwischen den in den Versuchen ermittelten mittleren Gesamtkräften in Bezug zu den Ergebnissen für die Referenzschraube (Typ A) an. Zur Ermittlung von κ_{Typ} wurde für die Schraubentypen B und C aus den Ergebnissen der drei in Tabelle 4-3 aufgeführten Versuchsreihen das arithmetische Mittel der Verhältnisse der mittleren Gesamtkräfte gebildet.

Ein Vergleich zwischen den in den Versuchen ermittelten Abständen $e_{085,1}$ bzw. $e_{085,3}$ und den mit Gleichung (16) berechneten Vorhersagewerten ist in Bild 5-35 dargestellt. Der Korrelationskoeffizient nach der Methode der kleinsten Abstandsquadrate beträgt R = 0,78. Die Steigung der Regressionsgeraden beträgt m = 1,02 und der Ordinatenabschnitt b = 0,66.

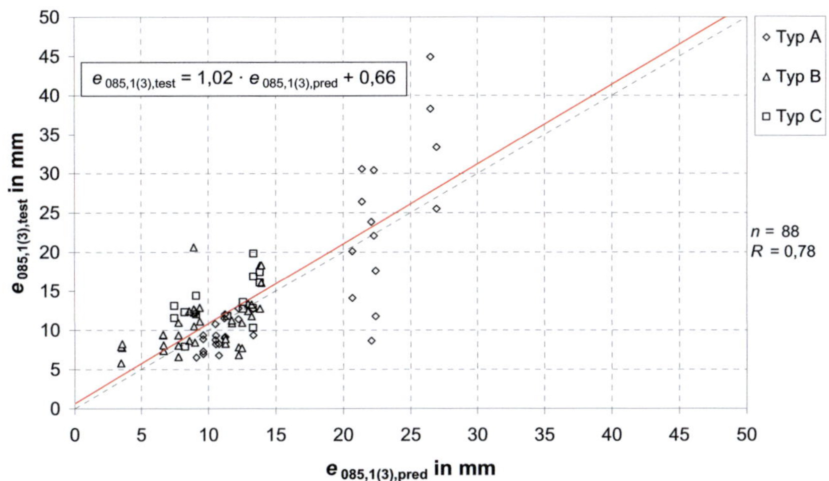

Bild 5-35   Vergleich zwischen den Versuchsergebnissen für die Abstände $e_{085,1}$
bzw. $e_{085,3}$ und den Erwartungswerten gemäß Gleichung (16)

Für die Rissausdehnung in Richtung des Hirnholzes wurde zusätzlich eine separate Auswertung durchgeführt. Aus einer multiplen Regressionsanalyse der 44 Beobachtungen für den Abstand $e_{085,1}$ konnte der in Gleichung (17) angegebene Zusammenhang für die Berechung von Erwartungswerten ermittelt werden.

$$e_{085,1} = 0{,}0011 \cdot \rho^{2,16} \cdot a_{1,c}^{-0,11} \cdot t^{-0,77} \cdot \kappa_{Typ}^{2,05} \quad \text{in mm} \tag{17}$$

In Bild 5-36 sind die Versuchsergebnisse für $e_{085,1}$ den Erwartungswerten gegenübergestellt. Der Korrelationskoeffizient wurde zu $R = 0{,}78$ berechnet. Die Gleichung der Regressionsgeraden ist in Bild 5-36 angegeben.

Erwartungsgemäß konnten für beide Regressionsmodelle ungefähr die gleichen Einflüsse der untersuchten Parameter auf die Vorhersagewerte festgestellt werden. Es ist auffallend, dass die simulierten Abstände $e_{085,1}$ nur in geringen Maßen negativ mit dem Hirnholzabstand $a_{1,c}$ korrelieren. Dieses ist darauf zurückzuführen, dass im Rahmen der Versuchsreihen nur Abstände zwischen $4 \cdot d$ und $7 \cdot d$ untersucht wurden und somit eine begrenzte Variation dieser Größe vorlag. Des Weiteren ist der Einfluss des Hirnholzabstandes auf die resultierenden Rissflächen erst dann maßgebend, wenn sich die Rissfront dem Hirnholzende soweit nähert, dass es zum Versagen des Holzes durch Aufspalten kommt. Bei ausreichendem Abstand $a_{1,c}$ kann auch auf ein zunächst dynamisches Risswachstum ein Rissarrest folgen.

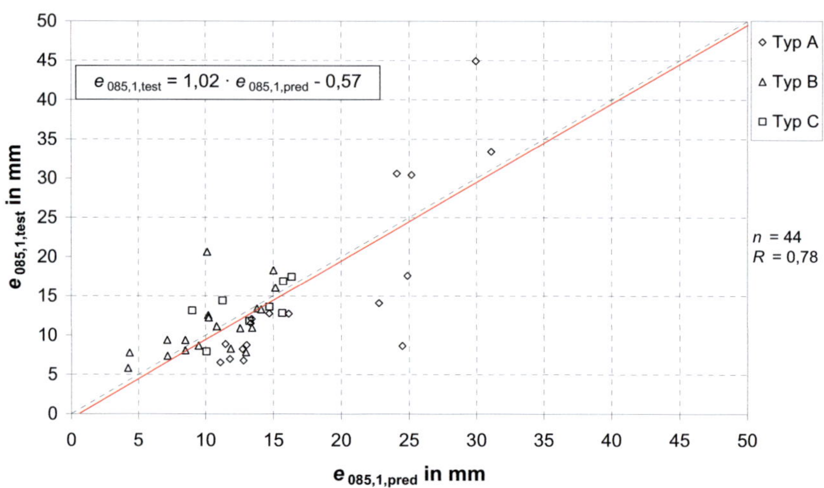

Bild 5-36 Vergleich zwischen den Versuchsergebnissen für die Abstände $e_{085,1}$ und den Erwartungswerten gemäß Gleichung (17)

5.3 Kalibrierung und Verifizierung der numerischen Rissberechnung

Das Modell zur numerischen Ermittlung von Rissflächen soll anhand der in Abschnitt 5.2 aufgeführten Einschraubversuche verifiziert werden. Bei diesen Versuchen wurden die Rissflächen durch Einfärben visualisiert und der Flächeninhalt bestimmt, so dass Vergleiche zu den berechneten Rissbildern möglich sind. Bei der Rissflächenberechnung mittels des FE-Modells werden die Eigenschaften der Prüfkörper sowie die Randbedingungen der Einschraubversuche berücksichtigt.

Die Prüfkörper werden wie in Abschnitt 5.1.1 beschrieben mit Volumenelementen (SOLID 95) modelliert, wobei ein Materialgesetz in Form von Gleichung (12) verwendet wird. Der Elastizitätsmodul parallel zur Faserrichtung wird in Abhängigkeit von der Prüfkörperrohdichte zugewiesen. Die Elastizitätsmoduln rechtwinklig zur Faserrichtung und die Schubmoduln werden mit den in Gleichung (12) angenommenen Verhältnissen der Elastizitätszahlen berechnet. Die Eigenschaften der für die Rissberechnung wichtigen Federelemente werden in Abhängigkeit von der Prüfkörperrohdichte mit Hilfe der in Abschnitt 5.1.2 (Bild 5-13 bis Bild 5-15) angegeben Regressionsgleichungen berechnet.

Des Weiteren ist es für eine zutreffende Berechnung der Rissflächen erforderlich, die korrigierte Ersatzlast q_{corr} (x_{Sr}) des zu untersuchenden Schraubentyps zu bestimmen. Ausgehend von der Grundfunktion q (x_{Sr}) der Ersatzlast erfolgt die Korrektur gemäß Gleichung (9) (Abschnitt 5.1.1). Der Korrekturbeiwert k_ρ wird mit der jeweiligen Prüfkörperrohdichte nach Gleichung (10) berechnet. Die Korrektur für die Einschraubgeschwindigkeit kann mit k_r nach Gleichung (11) abgeschätzt werden. Die maximale Leerlaufdrehzahl der verwendeten Einschraubgeräte lag bei 600 min^{-1} beziehungsweise 300 min^{-1}. Die mittlere Drehzahl, die tatsächlich beim Einschrauben erreicht wurde, ist nicht bekannt. Unter Last verringert sich bei den Einschraubgeräten die Drehzahl in Abhängigkeit vom benötigten Einschraubdrehmoment. Beruhend auf einer Schätzung der mittleren Drehzahl beim Eindrehen der Schrauben von 200 bis 400 min^{-1} ergibt sich aus Gleichung (11) eine Erhöhung der Spaltkraft um 9 bis 14 %. Dieses setzt voraus, dass für Drehzahlen von mehr als 100 min^{-1} eine Extrapolation des angegebenen Zusammenhangs für k_r zulässig ist. Die Absicherung der Korrektur für die Einschraubgeschwindigkeit nach Gleichung (11) sowie die Untersuchung ihres Gültigkeitsbereiches ist in der Fortsetzung des Forschungsvorhabens vorgesehen. Des Weiteren gilt es, die Beeinflussung der Spaltkraft durch den Winkel zwischen Schraubenachse und Jahrringtangente (Korrekturbeiwert k_γ) zu klären. Die hierfür beabsichtigten Untersuchungen sind in Abschnitt 4.5 beschrieben. Erste Tastversuche haben gezeigt, dass für Winkel zwischen Schraubenachse und Jahrringtangente von γ = 90° (Prüfkörpervariante C nach Abschnitt 4.5) die mittlere Gesamtkraft $F_{m,tot}$ am größten ist. Die in dieser Anordnung ermittelten Gesamtkräfte liegen ungefähr

20 % über den Kräften, die Versuche mit Prüfkörpern der Variante B ($\gamma \sim 45°$) ergeben. Bei tangentialer Anordnung der Schrauben (Variante A, $\gamma = 0°$) werden im Vergleich zu Variante B ungefähr bis zu fünf Prozent höhere Gesamtkräfte gemessen. Die Verhältnisse zwischen den in unterschiedlichen Anordnungen ermittelten Kräften sind auch vom Schraubentyp abhängig. Ähnlich wie beim Einfluss der Rohdichte auf die Spaltkräfte sind die vom Schraubentyp abhängigen Unterschiede jedoch von begrenztem Ausmaß.

Der Beiwert k_m zur Korrektur der Abweichungen zwischen der mit der Versuchseinrichtung ermittelten und der tatsächlichen Spaltkraft kann erst bestimmt werden, wenn zuverlässige Aussagen für k_γ und k_r vorliegen. Daher wurden im Rahmen der Kalibrierung der Ersatzlast die fehlenden Korrekturbeiwerte zu k_{corr} zusammengefasst:

$$k_{corr} = k_r \cdot k_\gamma \cdot k_m \tag{18}$$

Mit Gleichung (18) folgt somit aus Gleichung (9) die Korrektur der Ersatzlast:

$$q_{corr}(x_{Sr}) = q(x_{Sr}) \cdot k_\rho \cdot k_{corr} \tag{19}$$

Das Rechenmodell wurde anhand der Versuchsergebnisse für die Reihen 2.A, 2.B und 2.C kalibriert. Die Konfiguration dieser Versuche entspricht den in Tabelle 2-2 aufgeführten Randbedingungen, die das Ergebnis von Einschraubversuchen zur Ermittlung der erforderlichen Mindestholzdicke darstellen. Es ist somit gewährleistet, dass die Kalibrierung auf Basis von Risserscheinungen erfolgt, die für den jeweiligen Schraubentyp signifikant sind. Eine Kalibrierung z. B. anhand von Versuchen, die für jeden Schraubentyp ein völliges Aufspalten als Ergebnis liefern, wäre dagegen nicht sinnvoll. Zur Kalibrierung wurden für die Versuche der Reihen 2.A, 2.B und 2.C die Rissflächen berechnet und mit den Versuchsergebnissen verglichen. Hierbei wurde der Korrekturbeiwert k_{corr} variiert. Bei den Simulationen wurde der Winkel γ zwischen Schraubenachse und Jahrringtangente vernachlässigt, so dass k_γ in Gleichung (18) für alle Versuche zu $k_\gamma = 1,0$ wird. Alle Korrekturbeiwerte wurden unter Vernachlässigung eines expliziten Einflusses des Schraubentyps definiert, so dass dieses auch für k_{corr} gilt. Für alle Simulationen wurde daher unabhängig vom Schraubentyp derselbe Wert verwendet. Bei der Kalibrierung des Modells wurde der Korrekturfaktor auch in Abhängigkeit von der Rohdichte untersucht. Eine gute Übereinstimmung zwischen den Rissflächen aus Versuchen und Berechnung ergab sich für die in Gleichung (20) aufgeführte Korrektur. Die Rohdichtekorrektur in Gleichung (20) bezieht sich auf die mittlere Rohdichte der Prüfkörper für die Einschraubversuche zur Ermittlung der Spaltkräfte.

$$k_{corr} = 1,35 \cdot \left(\frac{\rho_{ref}}{\rho} \right)^{0,8} \tag{20}$$

Die in Gleichung (20) angegebene Größenordnung für k_{corr} ist durch die hierdurch berücksichtigten Einflüsse erklärbar. Bereits durch die beim Einschrauben vorliegende Drehzahl erscheint eine Vergrößerung der Spaltkraft um bis zu 14 % möglich. Hinzu kommen Einflüsse aus der Anordnung der Schrauben bezüglich der Jahrringlage. Bei Winkeln zwischen Schraubenachse und Jahrringtangente von $\gamma = 90°$ kann von einer Vergrößerung der Spaltkraft gegenüber dem günstigsten Fall ($\gamma \sim 45°$) von mehr als 20 % ausgegangen werden. Der tatsächliche Anteil der Modellungenauigkeiten (Beiwert k_m) an der notwendigen Gesamtkorrektur (k_{corr}) fällt somit vergleichsweise gering aus und ist vermutlich hauptsächlich auf die Annahme der Spaltkräfte zurückzuführen. Hierzu war die zusätzliche Korrektur in Abhängigkeit von der Bezugsrohdichte notwendig. Es muss allerdings auch berücksichtigt werden, dass durch die in Abschnitt 4.4 beschriebene optimierte Anpassung der Ersatzlast bereits Modellungenauigkeiten korrigiert werden.

Bild 5-37 zeigt einen Vergleich zwischen den Gesamtrissflächen ($A_{Ri,tot} = A_{Ri,1} + A_{Ri,3}$) aus Versuchen und Simulationsrechnung für die Reihen 2.A, 2.B und 2.C. In Bild 5-38 sind die Abstände e_{085} aus den Versuchen gegenüber den Ergebnissen der FE-Berechnung aufgetragen. In der Darstellung wurde auf eine Differenzierung zwischen $e_{085,1}$ und $e_{085,3}$ verzichtet. Die maximalen Risslängen $a_{Ri,max,1}$ und $a_{Ri,max,3}$ aus Versuch und Berechnung sind in Bild 5-39 dargestellt. Für alle drei Größen konnte eine akzeptable Übereinstimmung erreicht werden.

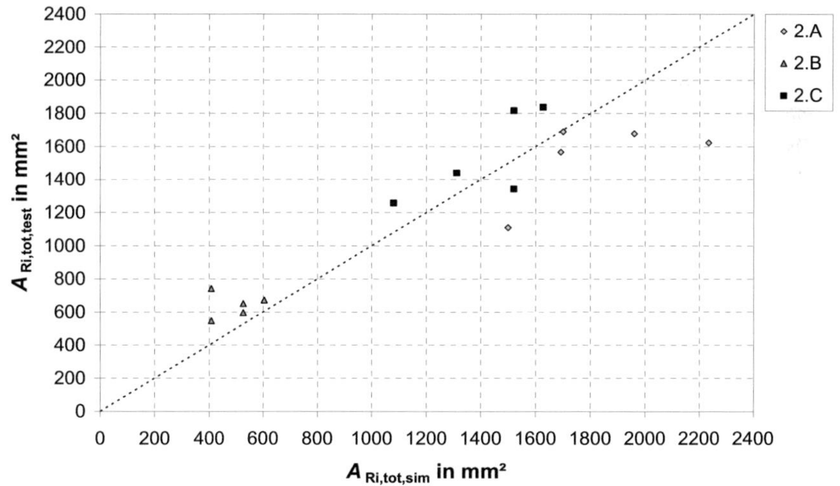

Bild 5-37   Rissflächen aus Versuch und Simulation für Reihe 2.A, 2.B und 2.C

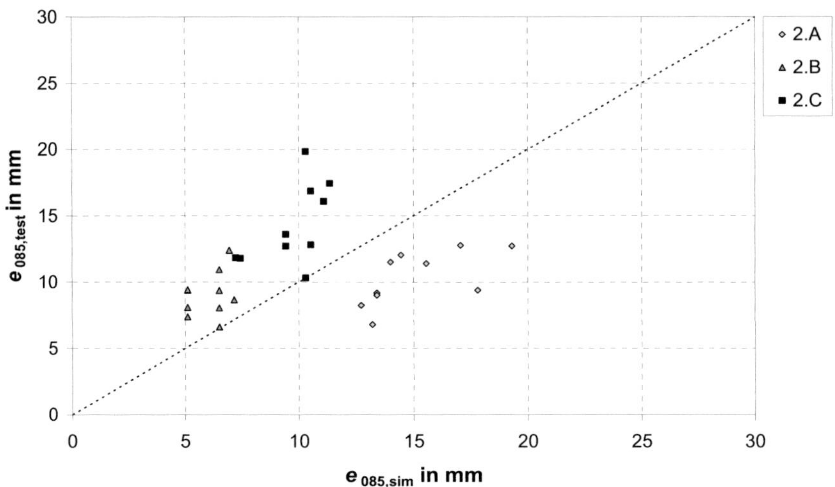

Bild 5-38   Abstände $e_{085,1}$ und $e_{085,3}$ aus Versuch und Simulation für die Reihen 2.A, 2.B und 2.C

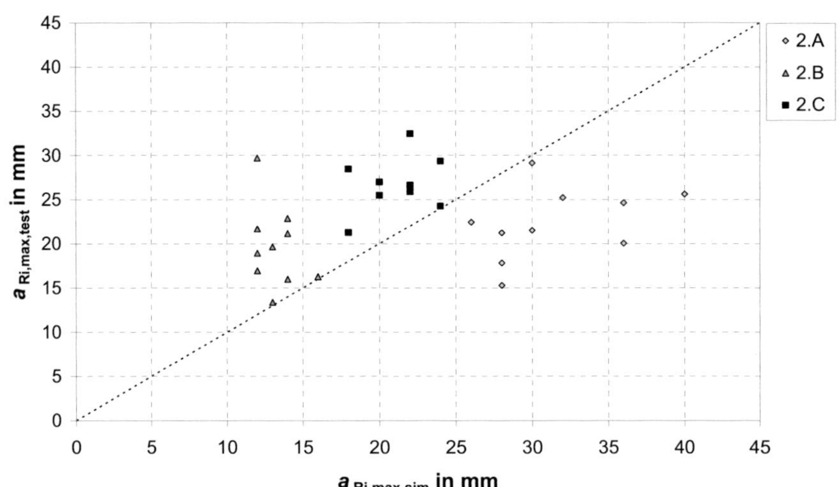

Bild 5-39   Maximale Risslängen aus Versuch und Simulation für die Reihen 2.A, 2.B und 2.C

Die Vergleiche zwischen berechneten Rissgrößen und Versuchsergebnissen in Bild 5-37 bis Bild 5-39 zeigen, dass bereits bei der Ermittlung der Funktion für den Korrekturbeiwert k_{corr} gewisse Abweichungen bestehen. Dieses ist darauf zurückzuführen, dass Einflüsse aus dem Winkel zwischen Schraubenachse und Jahrringtangente noch nicht in das Rechenmodell einfließen. Des Weiteren weisen Einschraubversuche in der Regel eine große Varianz auf, die durch das Modell zur Vorhersage der Risserscheinungen nicht abgedeckt wird. Letztlich erfolgte die Ermittlung des Korrekturfaktors im Rahmen der ersten Kalibrierung des Modells ohne eine differenzierte Betrachtung der drei Schraubentypen. Die mit dem Rechenmodell ermittelten Rissflächen zeigen dennoch größtenteils eine akzeptable quantitative und qualitative Übereinstimmung mit den experimentell ermittelten Rissflächen. Für den Versuch 2.A-04 aus den Kalibrierungsversuchen wird in Bild 5-40 ein Vergleich der Rissflächen gezeigt. Die im Bereich von Holzoberseite und Holzunterseite auftretenden größeren Rissausdehnungen sind auf das Versenken des Schraubenkopfes bzw. das Durchschrauben der Schraubenspitze zurückzuführen. Es ist erkennbar, dass auch diese Phänomene durch die Simulationsrechnung qualitativ gut erfasst werden.

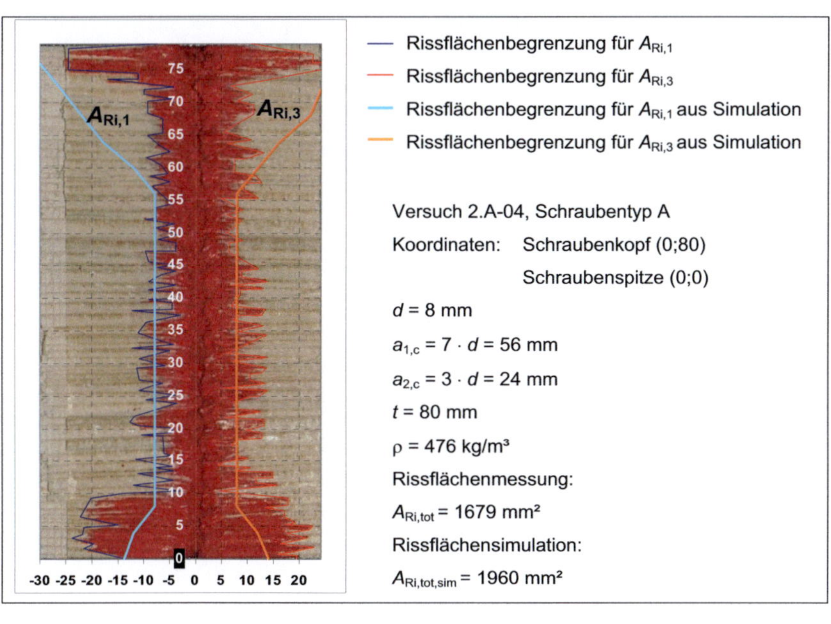

Bild 5-40   Simulierte Rissfläche und experimentell ermittelte Rissfläche für Versuch 2.A-04, Koordinaten in mm

Es wird davon ausgegangen, dass die experimentell bestimmten Rissflächen die Bereiche umfassen, in denen Fasern völlig oder aber auch nur zum Teil getrennt sind. Infolgedessen werden bei der numerischen Rissermittlung auch die Bereiche zur Rissfläche addiert, in denen die Federelemente im FE-Modell Verschiebungen innerhalb des Nachbruchbereichs (siehe Abschnitt 5.1.3) erreicht haben.

Bild 5-41 zeigt das Ergebnis der numerischen Rissberechnung für Versuch 2.A-04. Neben dem Rissbereich ist im Diagramm auch die Grenze der Fläche angegeben, in der sich Federn befinden, die Dehnungen innerhalb des plastischen Bereiches des Federgesetzes erfahren haben. Das heißt, dass das Holz bereits irreversible Dehnungen aufweist. Dieser Bereich ist für weitere Untersuchungen mit mehreren Schrauben besonders interessant, da er für die Abstände zwischen den Schrauben in Faserrichtung maßgebend werden könnte. Des Weiteren wäre zu untersuchen, ob ein Rissarrest noch möglich ist, wenn die Fasern bis zum Hirnholzende plastische Verformungen aufweisen.

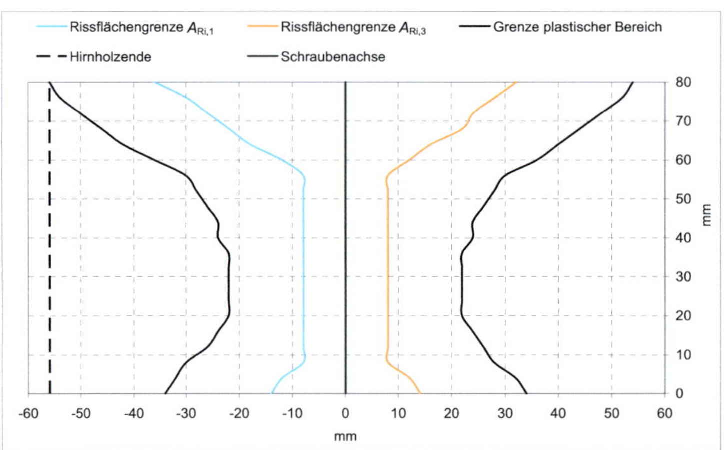

Bild 5-41   Ergebnis der FE-Berechnung für Versuch 2.A-04

Zur Verifikation des Rechenmodells wurden alle in Tabelle 5-1 aufgeführten Versuche mit dem FE-Modell berechnet. Die Ergebnisse der Simulationen sind in Tabelle 9-59 bis Tabelle 9-74 aufgeführt. Neben den numerisch ermittelten Rissflächen $A_{Ri,1,sim}$ und $A_{Ri,3,sim}$ sowie den maximalen Risslängen und den Abständen $e_{085,1}$ und $e_{085,3}$ sind die jeweiligen Verhältnisse zu den Versuchsergebnissen angegeben. In Bild 5-42 wird exemplarisch für den Versuch B.1-01 ein Vergleich zwischen gemessener und simulierter Rissfläche gezeigt, der eine sehr gute qualitative und quantitative Übereinstimmung aufweist. In Bild 5-43 sind als Ergebnis der Simulation zusätzlich die Bereiche mit plastischen Verformungen angegeben.

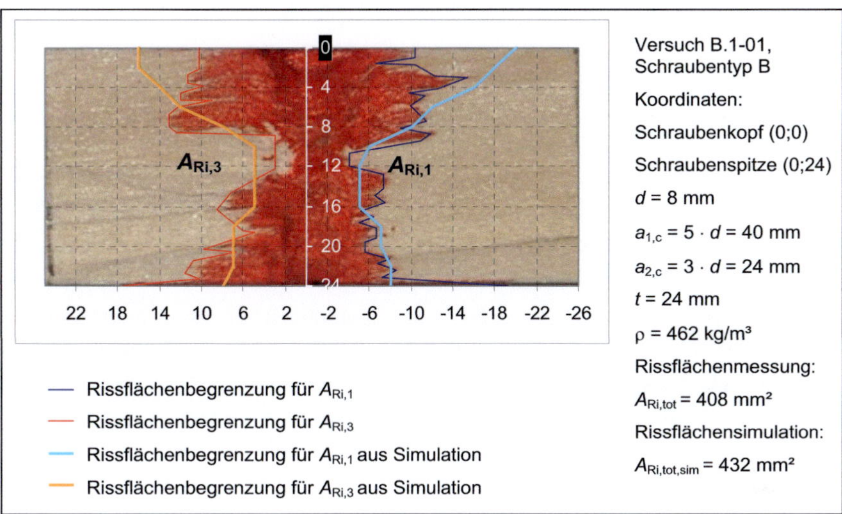

Bild 5-42   Rissfläche aus Versuch und Simulation für Versuch B.1-01, Koordinaten in mm

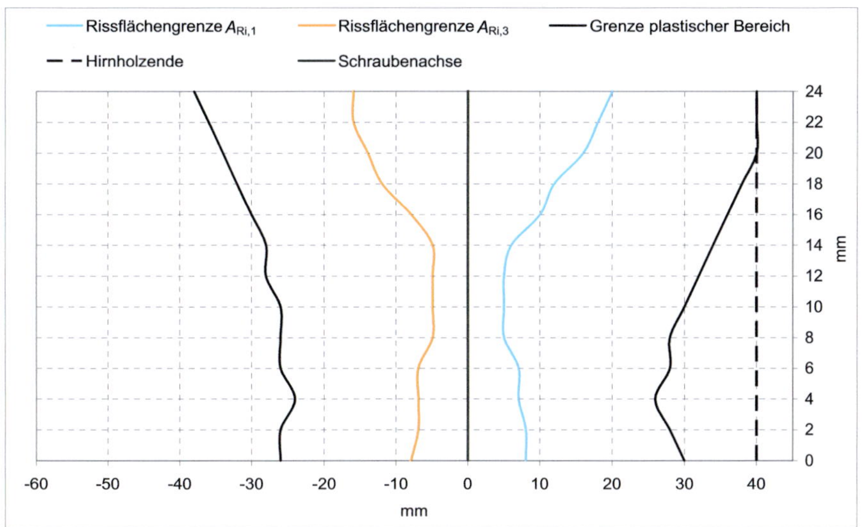

Bild 5-43   Ergebnis der FE-Berechnung für Versuch B.1-01

In Bild 5-46 ist eine Gegenüberstellung von experimentell ermittelten und simulierten Rissflächen für alle Versuche unter Angabe der jeweiligen Rohdichte bzw. Rohdichteklasse visualisiert. Für die Reihen 1 bis 3 ist ein derartiger Vergleich in Bild 5-44 dargestellt. Es zeigt sich, dass für alle Versuche der Reihen 2 und 3 unabhängig von der Rohdichte eine gute Übereinstimmung mit der Berechnung besteht. Bei den Versuchen der Reihe 1 wird die Rissfläche für Prüfkörper geringerer Rohdichte unterschätzt. In dieser Reihe traten die größten Streuungen auf. Teilweise wiesen Prüfkörper geringerer Rohdichte deutlich größere Rissflächen als Prüfkörper mit höherer Rohdichte auf.

Die Ergebnisse der übrigen Versuche sind im Vergleich mit den Simulationen in Bild 5-45 aufgeführt. Mit diesen Versuchsreihen wurde gezielt der Grenzbereich des Modells bezüglich des Aufspaltens von Prüfkörpern untersucht. Die Mindestabstände und Mindestholzdicken waren so gewählt, dass Prüfkörper versagen bzw. größere Risserscheinungen aufweisen sollten. Insbesondere wurden hierzu auch Hölzer mit höheren Rohdichten ausgewählt. Das Rechenmodell liefert für diese Versuche entweder die zutreffenden Rissflächen oder überschätzt diese deutlich. Wird durch das Modell eine große Rissausdehnung bis nahe an das Hirnholz ermittelt, kann ein kettenreaktionsartiges Versagen der Federelemente ausgelöst werden. Dieses bedeutet in praxi das Aufspalten des Holzbauteils. Prüfkörper mit derartigen Risserscheinungen werden in Bild 5-48 gezeigt. Mit dem FE-Modell werden für diese Fälle deutlich größere Rissflächen $A_{Ri,1}$ und $A_{Ri,3}$ als im Versuch ermittelt, da ein Rissarrest nicht möglich ist. Dieses ist auch die Ursache für den Abbruch von Berechnungen durch das FE-Programm aufgrund zu großer Verschiebungen. Bei einer nicht unerheblichen Anzahl von Versuchen der Reihen A.1, A.2, A.3, B.2, und B.3.2 wurde die Berechnung bereits vor den letzten Lastschritten abgebrochen. Die entsprechenden Versuche sind in Tabelle 9-59 bis Tabelle 9-74 gekennzeichnet.

Zwischen den experimentell und rechnerisch ermittelten Abständen e_{085} zeigt sich tw. eine Divergenz. Das Bild 5-47 zeigt die Abstände $e_{085,1,test}$ in Abhängigkeit von den Simulationsergebnissen für alle Versuche.

Es kann festgestellt werden, dass mit dem Rechenmodell Risserscheinungen, die beim Eindrehen von Schrauben entstehen, gut abgeschätzt werden können. Das Modell erlaubt auch Aussagen zur Gefahr des Versagens durch Aufspalten. Abgesehen von Konfigurationen mit geringerer Rohdichte und großen Holzdicken (Reihe 1) werden zumeist konservative Werte für die Rissflächen ermittelt. Dieses gilt insbesondere für Konfigurationen mit hohen Rohdichten und geringen Abständen. Für die weitere Anwendung sollte das Modell bezüglich seiner Kalibrierung verbessert und durch weitere Untersuchungen abgesichert werden.

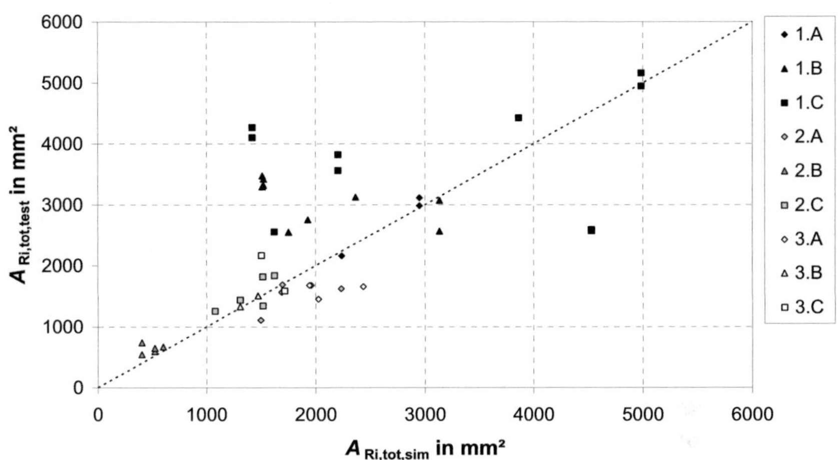

Bild 5-44   Vergleich der Gesamtrissflächen aus Versuch und Simulation, Reihe 1 bis 3

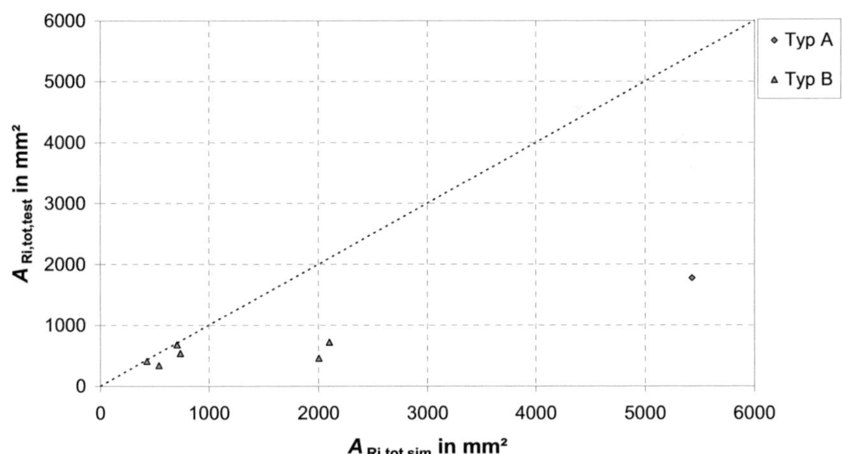

Bild 5-45   Vergleich der Gesamtrissflächen aus Versuch und Simulation, übrige Versuchsreihen

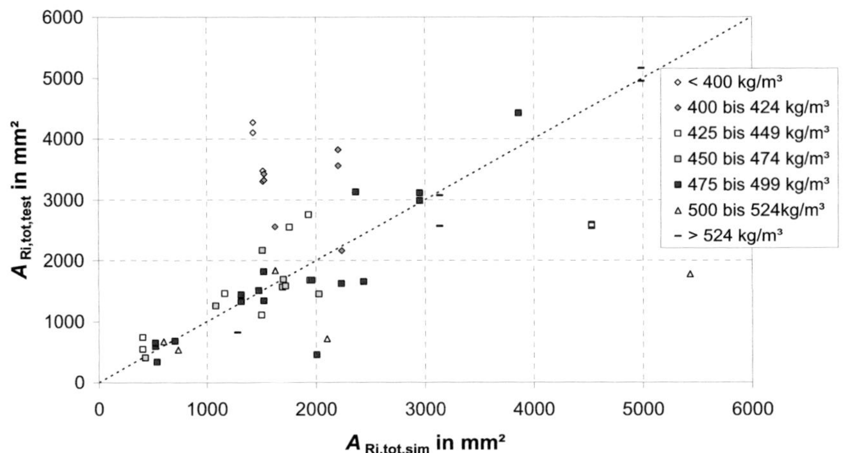

Bild 5-46   Vergleich der Gesamtrissflächen aus Versuch und Simulation für unterschiedliche Rohdichteklassen

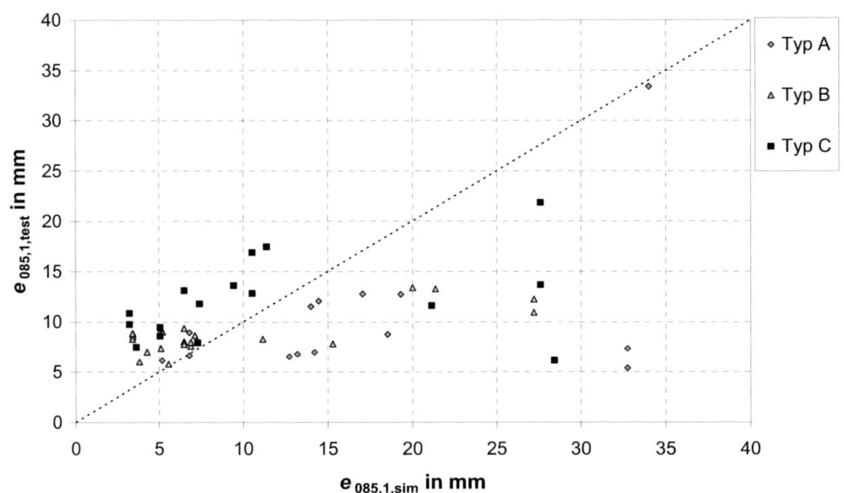

Bild 5-47   Vergleich zwischen den Abständen $e_{085,1}$ aus Versuch und Simulationsrechnung

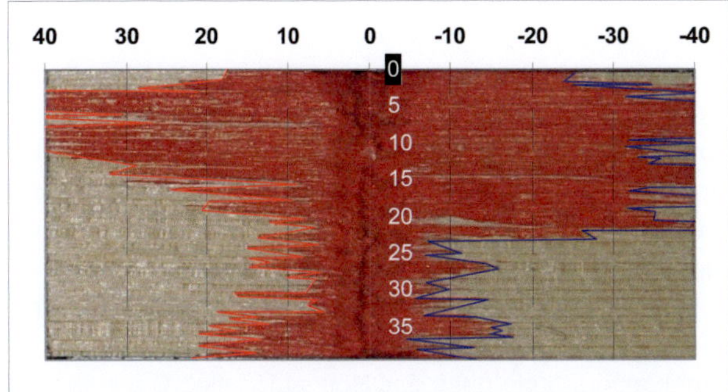

Versuch A.1-03, $a_{1,c}$ = 40 mm, t = 40 mm, ρ = 459 kg/m³

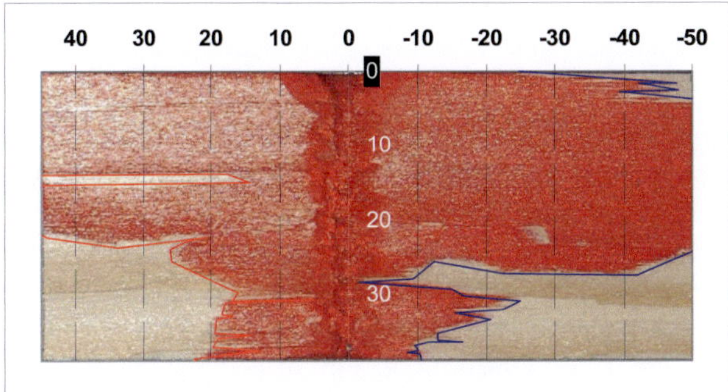

Versuch A.2-04, $a_{1,c}$ = 56 mm, t = 40 mm, ρ = 517 kg/m³

Bild 5-48   Größere Risserscheinungen und Aufspalten bei Prüfkörpern der Verifizierungsversuche

6   Zusammenfassung

Die Bemessungsmethoden für Haupt-Nebenträger-Anschlüsse werden bisher auf Grundlage umfangreicher Versuche hergeleitet. Eine rechnerische Ermittlung der Tragfähigkeit von Haupt-Nebenträger-Verbindungen ermöglicht es, den Aufwand derartiger Untersuchungen deutlich zu reduzieren. Hierzu ist es erforderlich, auch das Versagen des Holzes durch Aufspalten infolge von geringen Verbindungsmittelabständen rechnerisch zu erfassen. Insbesondere selbstbohrende Holzschrauben werden häufig als Verbindungsmittel in Haupt-Nebenträger-Anschlüssen eingesetzt. Diese Schrauben sind häufig so ausgebildet, dass sie auch bei geringen Abständen und Holzdicken eingedreht werden können, ohne dass das Holz aufspaltet. Die erforderlichen Mindestabstände und Mindestholzdicken müssen jedoch für jeden Schraubentyp und teilweise auch für jeden Schraubendurchmesser separat mit aufwändigen Einschraubversuchen ermittelt werden. Der Grund hierfür liegt zum einen in den Geometrieunterschieden der Schrauben und zum anderen in der Verschiedenartigkeit der schraubenspezifischen Merkmale wie u. a. Bohrspitzen, Fräsrippen, Schneidegewinden und Kopfausbildungen.

Im Rahmen dieses Forschungsvorhabens wurde ein Rechenmodell auf Grundlage der Methode der finiten Elemente entwickelt, das es erlaubt, das Spaltverhalten von Holz beim Eindrehen von Schrauben abzuschätzen. Mit dem Modell können die Rissflächen berechnet werden, die durch den Einschraubvorgang im Holz entstehen. Bei den Berechnungen werden die materialspezifischen Einflüsse des Holzes auf das Spaltverhalten wie u. a. die Elastizitäts- und Schubmoduln sowie die Rohdichte berücksichtigt. Hierzu werden die Holzbauteile in einem FE-Programm mit 3-D-Volumenelementen modelliert. Die für das Aufspalten relevante Querzugtragfähigkeit des Holzes wird mit Hilfe von nicht-linearen Federelementen berücksichtigt, die in der Rissebene angeordnet werden. Das nicht lineare Materialgesetz der Federelemente wurde auf Grundlage von Versuchen mit CT-Proben bestimmt. Hierzu wurden diese Versuche mit einem einfachen zweidimensionalen FE-Modell simuliert und die Federelemente im Rahmen von Parameterstudien kalibriert.

Zur Erfassung verbindungsmittelspezifischer Einflüsse auf das Spaltverhalten wurde eine Prüfmethode entwickelt, mit der Kräfte ermittelt werden, die beim Einschrauben rechtwinklig zur Faserrichtung auf das Holzbauteil wirken. Durch Versuche an drei unterschiedlichen Schraubentypen wurde die Prüfmethode validiert. Die Versuchsergebnisse wurden des Weiteren verwendet, um mit dreidimensionalen FE-Modellen quasi-statische Ersatzlasten zu bestimmen, die die beim Einschrauben auftretenden Spaltkräfte charakterisieren. Diese Ersatzlasten ermöglichten es, die Einflüsse unterschiedlich ausgebildeter Schraubentypen auf das Spaltverhalten von Holz im Rahmen der Rissflächenberechnung zu berücksichtigen.

Die Prüfmethode zur Ermittlung der Spaltkräfte erlaubt auch eine direkte Beurteilung des Spaltverhaltens einer Schraube durch Vergleichsversuche mit einer Referenzschraube, deren Spaltverhalten bekannt ist.

Zur Kalibrierung und Verifizierung des Rechenmodells wurden Einschraubversuche durchgeführt, bei denen die Rissflächen durch Einfärben visualisiert wurden. Hierdurch war es möglich, das Ausmaß der Risserscheinungen über den gesamten Querschnitt der Prüfkörper zu quantifizieren. Anhand der Ergebnisse eines Teils dieser Versuche wurden Korrekturfaktoren zur Kalibrierung des Rechenmodells ermittelt. Durch Vergleich der rechnerisch ermittelten Rissflächen mit den experimentell ermittelten Rissflächen aus weiteren Einschraubversuchen wurde das Rechenmodell verifiziert. Für die in praxi relevanten Konfigurationen zeigte sich eine recht gute qualitative und quantitative Übereinstimmung zwischen den simulierten und den experimentell ermittelten Rissflächen.

Zurzeit ist das numerische Modell noch auf die Anordnung einer Schraube beschränkt. In der Fortführung des Forschungsvorhabens soll das Modell so erweitert werden, dass unterschiedliche Anordnungen mehrerer Verbindungsmittel untersucht werden können. Des Weiteren gilt es, die hergeleiteten Zusammenhänge für die verschiedenen Einflüsse auf das Spaltverhalten bzw. auf die Spaltkräfte abzusichern und weitere Einflussgrößen zu erfassen. Hierzu zählt u. a. der Winkel zwischen Schraubenachse und Jahrringtangente.

Das entwickelte Modell bildet die Grundlage für die rechnerische Ermittlung der erforderlichen Mindestholzdicken und Mindestabstände für verschiedene Schraubentypen bzw. für die Abschätzung der zu erwartenden Spalterscheinungen. Hierdurch kann der experimentelle Aufwand bei konventionellen Einschraubversuchen erheblich reduziert werden. Des Weiteren wird eine Voraussetzung für die realitätsgetreue rechnerische Ermittlung der Tragfähigkeit von Anschlüssen bei Versagen durch Aufspalten geschaffen.

7 Literatur

Blaß, H. J.; Bejtka, I. (2008): Numerische Berechnung der Tragfähigkeit und der Steifigkeit von querzugverstärkten Verbindungen mit stiftförmigen Verbindungsmitteln, Karlsruher Berichte zum Ingenieurholzbau, Band 10, Lehrstuhl für Ingenieurholzbau und Baukonstruktionen (Hrsg.), Universitätsverlag Karlsruhe, ISSN 1860-093X, ISBN 978-3-86644-252-8

Blaß, H. J.; Bejtka, I.; Uibel, T. (2006): Tragfähigkeit von Verbindungen mit selbstbohrenden Holzschrauben mit Vollgewinde, Karlsruher Berichte zum Ingenieurholzbau, Band 4, Lehrstuhl für Ingenieurholzbau und Baukonstruktionen (Hrsg.), Universitätsverlag Karlsruhe, ISSN 1860-093X, ISBN 3-86644-034-0

Blaß, H. J.; Schmid, M. (2002): Spaltgefahr von Nadelhölzern. Forschungsbericht, Versuchsanstalt für Stahl, Holz und Steine, Abteilung Ingenieurholzbau, Universität Karlsruhe (TH)

Ehlbeck, J. (1979): Nailed Joints in wood structures. Virginia Polytechnic Institute and State University. Wood research and wood construction laboratory, Blacksburg, Virginia, No. 166

Ehlbeck, J.; Görlacher, R. (1982): Mindestabstände bei Stahlblech-Holz-Nagelverbindungen. Forschungsbericht, Versuchsanstalt für Stahl, Holz und Steine, Abteilung Ingenieurholzbau, Universität Karlsruhe (TH)

Ehlbeck, J.; Siebert, W. (1988): Ermittlung von Mindestholzabmessungen und Mindestnagelabständen bei Nagelverbindungen mit europäischem Douglasienholz. Forschungsbericht, Versuchsanstalt für Stahl, Holz und Steine, Abteilung Ingenieurholzbau, Universität Karlsruhe (TH)

Fleischmann, M. (2005): Numerische Berechnung von Holzkonstruktionen unter Verwendung eines realitätsnahen orthotropen elasto-plastischen Werkstoffmodells, Dissertation, Technische Universität Wien, Österreich

Fleischmann, M; Krenn, H.; Eberhardsteiner, J.; Schickhofer, G. (2007): Numerische Berechnung von Holzkonstruktionen unter Verwendung eines realitätsnahen orthotropen elasto-plastischen Werkstoffmodells. In: Holz als Roh- und Werkstoff 65 (2007), S. 301 – 313, Springer Verlag, Berlin

Görlacher, R. (1984): Ein neues Messverfahren zur Bestimmung des Elastizitätsmoduls von Holz. In: Holz als Roh- und Werkstoff 42 (1984), S. 219 – 222, Springer Verlag, Berlin

Görlacher, R. (2002): Ein Verfahren zur Bestimmung des Rollschubmoduls von Holz. In: Holz als Roh- und Werkstoff 60 (2002), S. 317 – 322, Springer Verlag, Berlin

Kevarinmäki, A. (2005): Nails in spruce – splitting sensitivity, end grain joints and withdrawal strength, In: Proceedings. CIB-W18 Meeting 2005, Karlsruhe, Paper 38-7-6

Lau, P.W.C.; (1990): Factors affecting crack formation in wood as result of nailing. Proceedings of the 1990 International Timber Engineering Conference, Vol. I, Tokyo

Lau, P.W.C.; Tardiff, Y.; (1987): Progress report: Cracks produced by driving nails into wood – effects of wood and nail variables. Forintek Canada Corp.

Marten, G.; (1953): Spalten und Tragfähigkeit von Nagelverbindungen, Fortschritte und Forschung im Bauwesen, Reihe D, Berichte des Beirats für Bauforschung beim Bundesminister für Wohnungsbau, Heft 9, Versuche für den Holzbau, S. 55 - 89

Neuhaus, H. (1981): Elastizitätszahlen von Fichtenholz in Abhängigkeit von der Holzfeuchtigkeit. Diss. In: Technisch-wissenschaftliche Mitteilungen , Nr. 81-8, Institut für konstruktiven Ingenieurbau, Ruhr-Universität Bochum

Neuhaus, H. (1983): Über das elastische Verhalten von Fichtenholz in Abhängigkeit von der Holzfeuchtigkeit. In: Holz als Roh- und Werkstoff 42 (1983), S. 21 - 25

Neuhaus, H. (1994): Lehrbuch des Ingenieurholzbaus. B. G. Teubner, Stuttgart

Schmid, M. (2002): Anwendung der Bruchmechanik auf Verbindungen mit Holz. 5. Folge - Heft 7. Berichte der Versuchsanstalt für Stahl, Holz und Steine der Universität Fridericiana in Karlsruhe (TH)

Schmidt, J.; Kaliske, M. (2003): Entwicklung von Materialmodellen für Holz, In: Leipzig Annual Civil Engineering Report 8 (2003), S. 315 - 332

Schmidt, J.; Geißler, G.; Kaliske, M. (2004): Zur Simulation des spröden Versagens von Holz und Holzstrukturen. In: Leipzig Annual Civil Engineering Report 9 (2004): 399-415

Schmidt, J.; Kaliske, M. (2006): Zur dreidimensionalen Materialmodellierung von Fichtenholz mittels eines Mehrflächen-Plastizitätsmodells. In: Holz als Roh- und Werkstoff 64 (2006), S. 393 – 402, Springer Verlag, Berlin

8   Zitierte Normen

DIN 1052, Ausgabe August 2004. Entwurf, Berechnung und Bemessung von Holzbauwerken - Allgemeine Bemessungsregeln und Bemessungsregeln für den Hochbau

DIN 7998, Ausgabe Februar 1975. Gewinde und Schraubenenden für Holzschrauben

DIN 50014, Ausgabe Juli 1985. Klimate und ihre technische Anwendung – Normalklimate

DIN EN 1995-1-1: 2004. Eurocode 5: Bemessung und Konstruktion von Holzbauten - Teil 1-1: Allgemeines - Allgemeine Regeln und Regeln für den Hochbau; Deutsche Fassung EN 1995-1-1: 2004

9 Anhang

9.1 Anhang zu Abschnitt 4.2

Tabelle 9-1   Eigenschaften der Prüfkörper für Versuchsreihe A-1

| Versuch | Prüfkörpermaße in mm | | | Rohdichte | E-Modul | Versuch |
	b	d	h	ρ in kg/m³	E_0 in N/mm²	verwertbar
A-1.01	52,2	79,8	180,4	453	13102	x
A-1.02*	52,2	79,8	180,4	454	13102	-
A-1.03	52,1	79,9	180,2	447	13102	x
A-1.04	52,2	79,9	180,5	464	13102	x
A-1.05	52,1	79,8	180,2	464	13102	x
A-1.06	52,2	79,8	180,3	461	13102	x
A-1.07	52,3	79,8	180,3	457	13102	x
A-1.08	52,3	79,9	179,9	443	11330	x
A-1.09	52,3	79,9	179,9	449	11330	x
A-1.10	52,3	79,8	180,0	437	11330	x
Mittelwert	52,2	79,8	180,2	453	12511	
Standard-abweichung	0,08	0,05	0,21	9,55	886	
Variations-koeffizient in %	0,15	0,06	0,12	2,11	7,08	

* Bei der statistischen Auswertung nicht berücksichtigt.
Prüfkörpermaße vor dem Auftrennen.

Tabelle 9-2   Eigenschaften der Prüfkörper für Versuchsreihe B-1

| Versuch | Prüfkörpermaße in mm | | | Rohdichte | E-Modul | Versuch |
	b	d	h	ρ in kg/m³	E_0 in N/mm²	verwertbar
B-1.01	52,2	79,7	180,3	446	13102	x
B-1.02	52,3	79,8	180,2	455	13102	x
B-1.03*	52,2	79,8	180,3	449	13102	-
B-1.04	52,1	79,8	180,2	452	13102	x
B-1.05	52,3	79,8	180,3	452	13102	x
B-1.06	52,2	79,7	180,6	464	13102	x
B-1.07	52,2	79,7	180,3	460	13102	x
B-1.08	52,4	79,8	180,1	443	11330	x
B-1.09	52,3	79,8	180,0	460	11330	x
B-1.10*	52,3	79,7	179,9	443	11330	-
Mittelwert	52,3	79,8	180,3	454	12659	
Standard-abweichung	0,09	0,05	0,18	7,23	820	
Variations-koeffizient in %	0,17	0,06	0,10	1,59	6,48	

* Bei der statistischen Auswertung nicht berücksichtigt.
Prüfkörpermaße vor dem Auftrennen.

Tabelle 9-3   Eigenschaften der Prüfkörper für Versuchsreihe C-1

Versuch	Prüfkörpermaße in mm			Rohdichte	E-Modul	Versuch
	b	d	h	ρ in kg/m³	E_0 in N/mm²	verwertbar
C-1.01	52,2	79,7	180,3	454	13102	x
C-1.02	52,3	79,8	180,2	453	13102	x
C-1.03	52,3	79,9	180,3	452	13102	x
C-1.04	52,1	79,8	180,2	470	13102	x
C-1.05	52,2	79,7	180,5	478	13102	x
C-1.06	52,1	79,9	180,0	459	13102	x
C-1.07	52,2	79,9	180,2	457	13102	x
C-1.08*	52,3	79,8	179,6	451	11330	-
C-1.09*	52,3	79,7	179,9	451	11330	-
C-1.10*	52,2	79,9	180,0	442	11330	-
Mittelwert	52,2	79,8	180,2	460	-	
Standard-abweichung	0,08	0,09	0,15	9,85	-	
Variations-koeffizient in %	0,15	0,11	0,08	2,14	-	

* Bei der statistischen Auswertung nicht berücksichtigt.
Prüfkörpermaße vor dem Auftrennen.

Tabelle 9-4   Eigenschaften der Prüfkörper für Versuchsreihe A-2

| Versuch | Prüfkörpermaße in mm | | | Rohdichte | E-Modul | Versuch |
	b	d	h	ρ in kg/m³	E_0 in N/mm²	verwertbar
A-2.01*	52,0	80,0	199,2	386	10965	-
A-2.02	52,0	80,1	199,2	388	10965	x
A-2.03*	52,1	80,1	199,3	386	10965	-
A-2.04	52,1	80,0	199,0	384	11238	x
A-2.05	52,1	79,9	199,1	383	11238	x
A-2.06	52,0	80,1	199,2	386	11238	x
A-2.07	52,1	80,1	199,1	386	11238	x
A-2.08*	52,0	80,2	199,1	398	11367	-
A-2.09*	52,0	80,1	199,1	396	11367	-
A-2.10	52,0	80,0	199,2	394	11367	x
A-2.11	52,4	79,8	199,3	362	8319	x
A-2.12	52,4	79,8	199,2	367	8319	x
A-2.13	52,4	79,8	199,3	350	8319	x
A-2.14*	52,3	79,8	199,2	358	8319	-
Mittelwert	52,2	80,0	199,2	378	10249	
Standard-abweichung	0,18	0,13	0,10	14,6	1451	
Variations-koeffizient in %	0,34	0,16	0,05	3,86	14,2	

* Bei der statistischen Auswertung nicht berücksichtigt.
Prüfkörpermaße vor dem Auftrennen.

Tabelle 9-5   Eigenschaften der Prüfkörper für Versuchsreihe B-2

| Versuch | Prüfkörpermaße in mm | | | Rohdichte | E-Modul | Versuch |
	b	d	h	ρ in kg/m³	E_0 in N/mm²	verwertbar
B-2.01	52,0	79,9	199,0	390	10965	x
B-2.02	52,0	80,1	199,3	390	10965	x
B-2.03	52,0	80,1	199,4	404	10965	x
B-2.04	52,0	80,1	199,0	376	11238	x
B-2.05	52,1	80,0	199,1	385	11238	x
B-2.06	52,1	80,2	199,2	385	11238	x
B-2.07	52,1	80,1	199,1	392	11238	x
B-2.08	52,1	80,1	199,0	399	11367	x
B-2.09	52,0	80,1	199,1	394	11367	x
B-2.10	52,0	80,0	199,1	392	11367	x
Mittelwert	52,0	80,1	199,1	391	11195	
Standard-abweichung	0,05	0,08	0,13	7,76	168	
Variations-koeffizient in %	0,10	0,10	0,07	1,98	1,50	

Prüfkörpermaße vor dem Auftrennen.

Tabelle 9-6   Eigenschaften der Prüfkörper für Versuchsreihe C-2

| Versuch | Prüfkörpermaße in mm | | | Rohdichte | E-Modul | Versuch |
	b	d	h	ρ in kg/m³	E_0 in N/mm²	verwertbar
C-2.01	52,1	80,0	199,3	387	10965	x
C-2.02	52,0	80,1	199,0	385	10965	x
C-2.03	52,0	80,1	199,3	384	10965	x
C-2.04	52,0	80,1	199,0	378	11238	x
C-2.05	52,0	80,0	199,3	385	11238	x
C-2.06	52,2	80,2	199,2	384	11238	x
C-2.07	52,0	80,1	199,0	382	11238	x
C-2.08	52,0	80,1	199,3	391	11367	x
C-2.09	52,0	80,1	199,1	396	11367	x
C-2.10	51,9	80,0	199,2	396	11367	x
Mittelwert	52,0	80,1	199,2	387	11195	
Standard-abweichung	0,08	0,06	0,13	5,87	168	
Variations-koeffizient in %	0,15	0,07	0,07	1,52	1,50	

Prüfkörpermaße vor dem Auftrennen.

Tabelle 9-7   Eigenschaften der Prüfkörper für Versuchsreihe A-3

| Versuch | Prüfkörpermaße in mm | | | Rohdichte | E-Modul | Versuch |
	b	d	h	ρ in kg/m³	E_0 in N/mm²	verwertbar
A-3.01	52,0	80,0	198,6	505	12034	x
A-3.02	52,1	80,0	198,8	503	12034	x
A-3.03*	52,2	80,1	199,1	499	12034	-
A-3.04*	52,1	80,1	198,6	491	12034	-
A-3.05	52,0	79,9	199,5	496	13669	x
A-3.06*	52,1	80,0	198,4	509	15370	-
A-3.07	52,0	79,9	198,5	513	15370	x
A-3.08	52,1	80,0	198,2	527	15370	x
A-3.09*	52,1	80,1	199,1	490	13669	-
A-3.10	52,0	80,1	199,4	490	13669	x
A-3.11*	52,2	79,7	199,4	480	11539	-
A-3.12*	52,2	79,8	199,3	485	11539	-
A-3.13*	52,3	79,8	199,2	474	11330	-
Mittelwert	52,0	80,0	198,8	506	13691	
Standardabweichung	0,05	0,08	0,52	13,1	1492	
Variationskoeffizient in %	0,10	0,10	0,26	2,59	10,9	

* Bei der statistischen Auswertung nicht berücksichtigt.
Prüfkörpermaße vor dem Auftrennen.

Tabelle 9-8   Eigenschaften der Prüfkörper für Versuchsreihe B-3

| Versuch | Prüfkörpermaße in mm | | | Rohdichte | E-Modul | Versuch |
	b	d	h	ρ in kg/m³	E_0 in N/mm²	verwertbar
B-3.01*	52,0	79,9	198,6	505	12034	-
B-3.02	52,1	80,0	198,9	513	12034	x
B-3.03	52,1	79,9	198,9	512	12034	x
B-3.04*	52,1	80,0	198,9	507	12034	-
B-3.05	52,0	80,1	199,3	502	13669	x
B-3.06*	52,1	80,0	198,0	527	15370	-
B-3.07	52,0	80,0	198,2	522	15370	x
B-3.08	52,1	80,0	198,3	520	15370	x
B-3.09	52,0	80,1	199,4	487	13669	x
B-3.10	52,0	80,1	199,3	493	13669	x
Mittelwert	52,0	80,0	198,9	507	13688	
Standardabweichung	0,05	0,08	0,49	13,4	1362	
Variationskoeffizient in %	0,10	0,10	0,25	2,64	10,0	

* Bei der statistischen Auswertung nicht berücksichtigt.
Prüfkörpermaße vor dem Auftrennen.

Tabelle 9-9   Eigenschaften der Prüfkörper für Versuchsreihe C-3

Versuch	Prüfkörpermaße in mm			Rohdichte	E-Modul	Versuch verwertbar
	b	d	h	ρ in kg/m³	E_0 in N/mm²	
C-3.01*	52,0	80,1	198,9	502	12034	-
C-3.02	52,1	80,1	198,8	490	12034	x
C-3.03	52,1	80,0	198,6	492	12034	x
C-3.04*	52,2	80,1	198,4	485	12034	-
C-3.05	52,0	80,1	199,5	496	13669	x
C-3.06	52,1	80,1	198,4	514	15370	x
C-3.07	52,0	79,9	198,4	522	15370	x
C-3.08	52,0	80,0	198,3	518	15370	x
C-3.09	52,0	80,1	199,2	493	13669	x
C-3.10	52,0	80,1	199,4	493	13669	x
Mittelwert	52,0	80,1	198,8	502	13898	
Standard-abweichung	0,05	0,08	0,48	13,3	1394	
Variations-koeffizient in %	0,10	0,10	0,24	2,65	10,0	

* Bei der statistischen Auswertung nicht berücksichtigt.
Prüfkörpermaße vor dem Auftrennen.

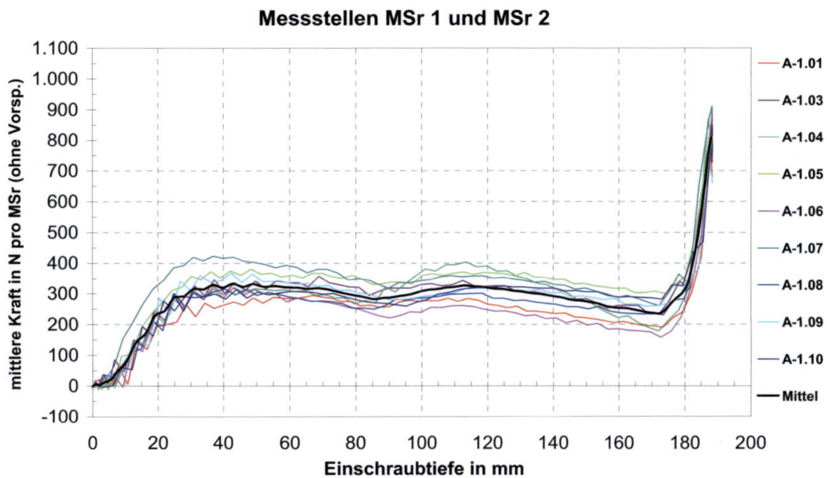

Bild 9-1   Ergebnisse der Versuchsreihe A-1 (ohne Berücksichtigung der Vorspannung), Messstellen 1 und 2

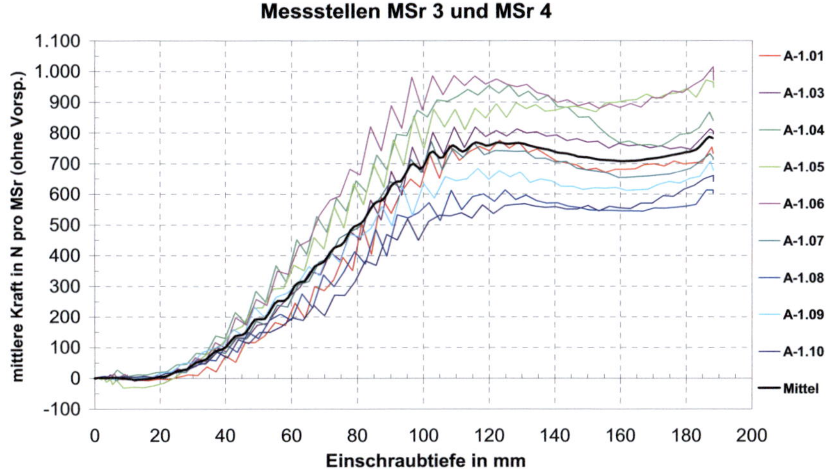

Bild 9-2   Ergebnisse der Versuchsreihe A-1 (ohne Berücksichtigung der Vorspannung), Messstellen 3 und 4

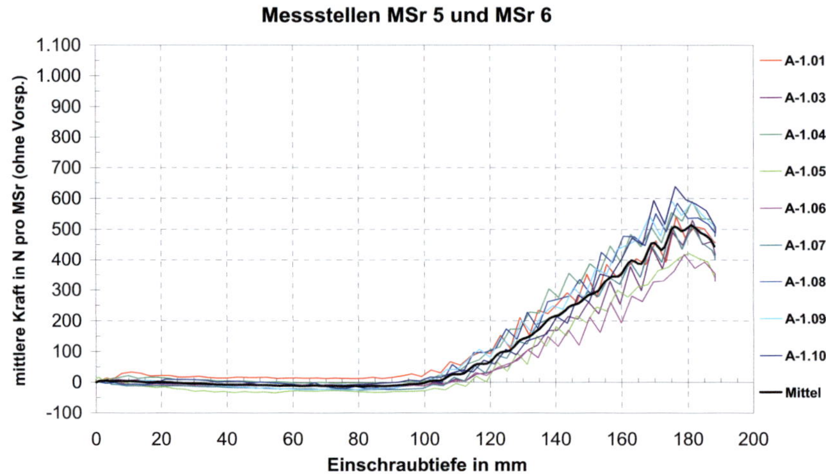

Bild 9-3   Ergebnisse der Versuchsreihe A-1 (ohne Berücksichtigung der Vorspannung), Messstellen 5 und 6

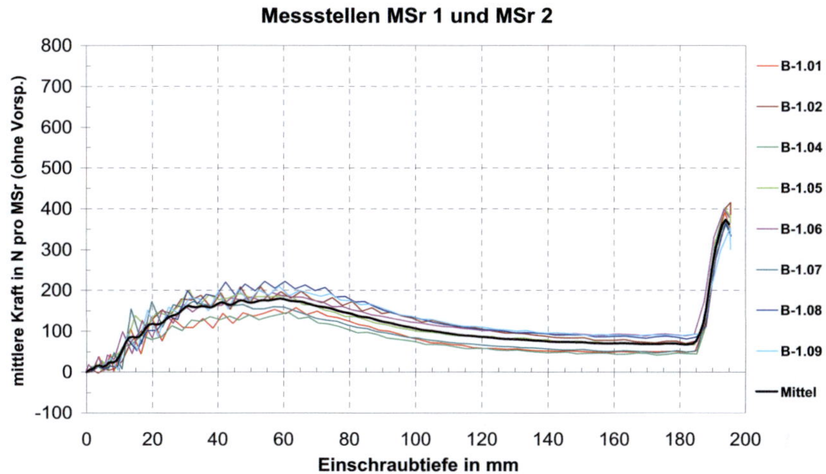

Bild 9-4 Ergebnisse der Versuchsreihe B-1 (ohne Berücksichtigung der Vorspannung), Messstellen 1 und 2

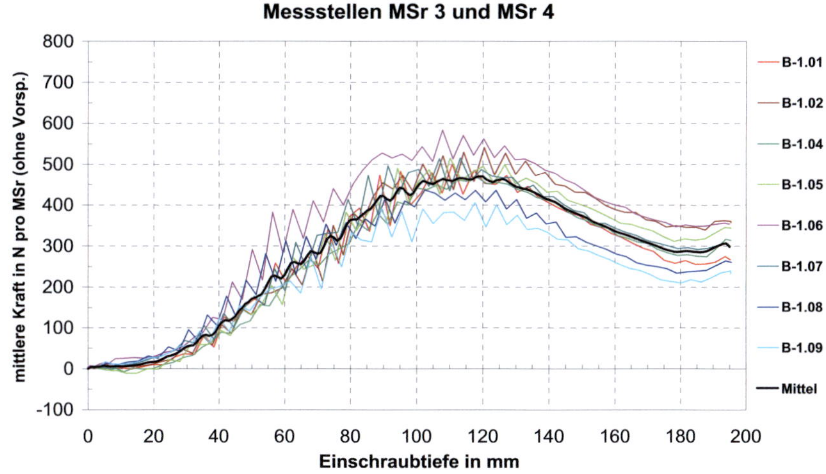

Bild 9-5 Ergebnisse der Versuchsreihe B-1 (ohne Berücksichtigung der Vorspannung), Messstellen 3 und 4

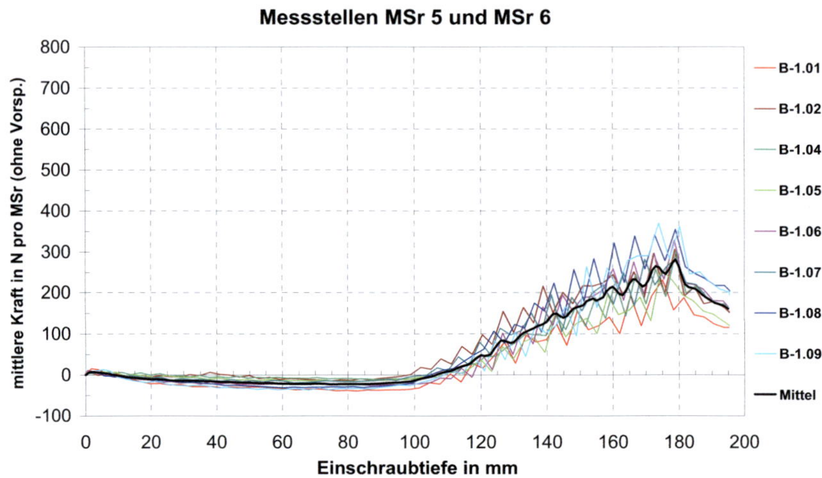

Bild 9-6   Ergebnisse der Versuchsreihe B-1 (ohne Berücksichtigung der Vor-spannung), Messstellen 5 und 6

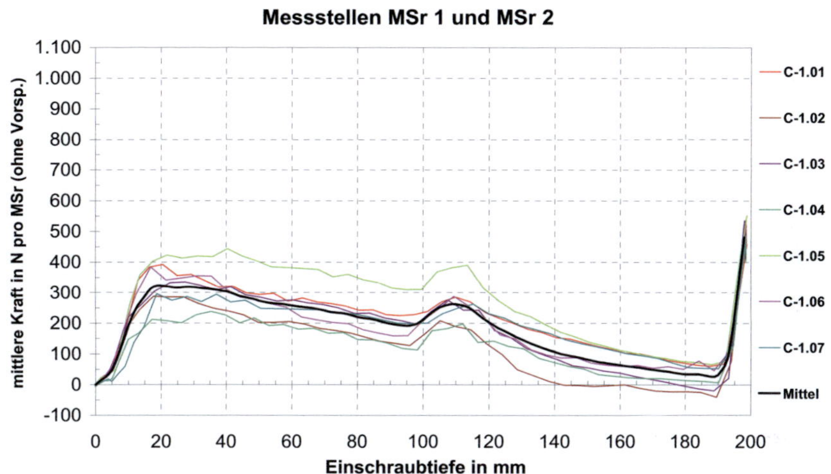

Bild 9-7   Ergebnisse der Versuchsreihe C-1 (ohne Berücksichtigung der Vorspannung), Messstellen 1 und 2

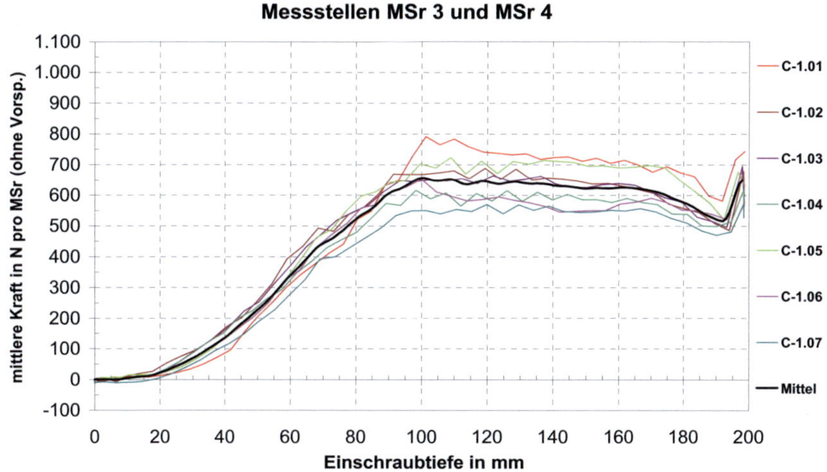

Bild 9-8   Ergebnisse der Versuchsreihe C-1 (ohne Berücksichtigung der Vorspannung), Messstellen 3 und 4

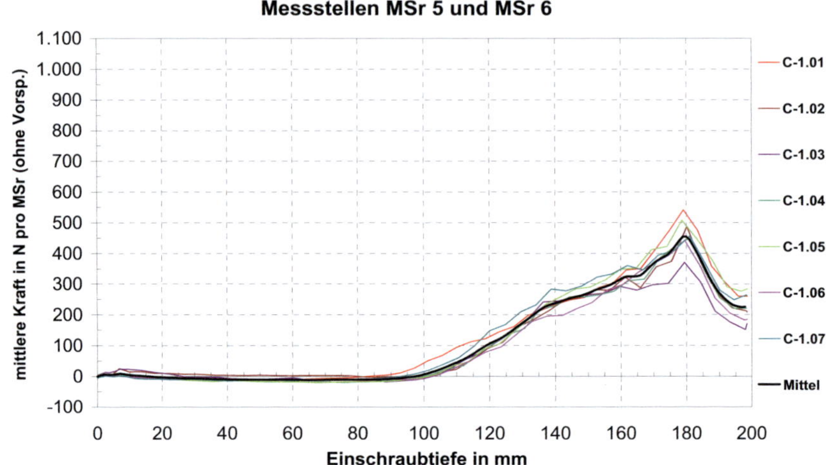

Bild 9-9   Ergebnisse der Versuchsreihe C-1 (ohne Berücksichtigung der Vorspannung), Messstellen 5 und 6

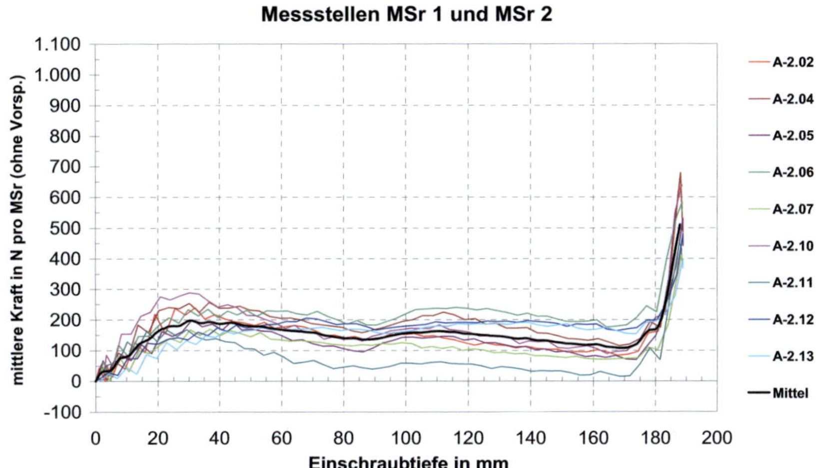

Bild 9-10   Ergebnisse der Versuchsreihe A-2 (ohne Berücksichtigung der Vor-spannung), Messstellen 1 und 2

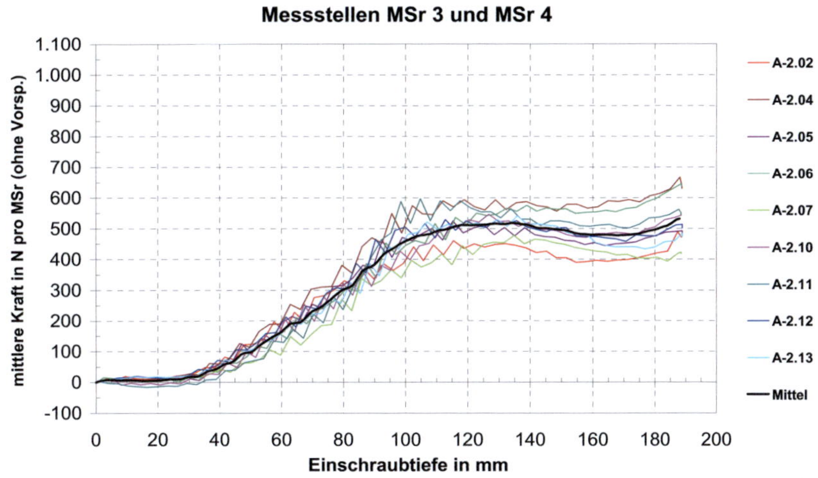

Bild 9-11   Ergebnisse der Versuchsreihe A-2 (ohne Berücksichtigung der Vor-spannung), Messstellen 3 und 4

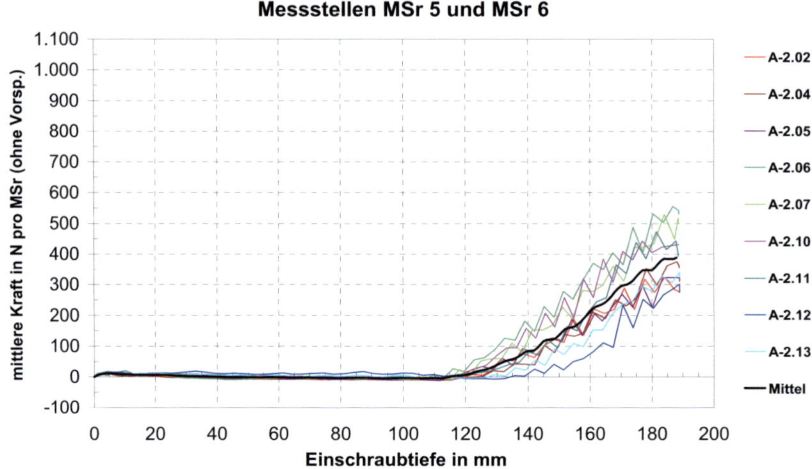

Bild 9-12   Ergebnisse der Versuchsreihe A-2 (ohne Berücksichtigung der Vorspannung), Messstellen 5 und 6

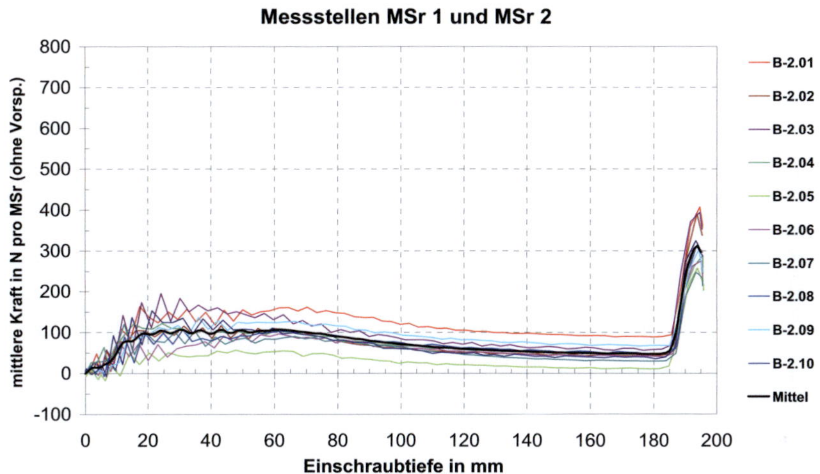

Bild 9-13   Ergebnisse der Versuchsreihe B-2 (ohne Berücksichtigung der Vorspannung), Messstellen 1 und 2

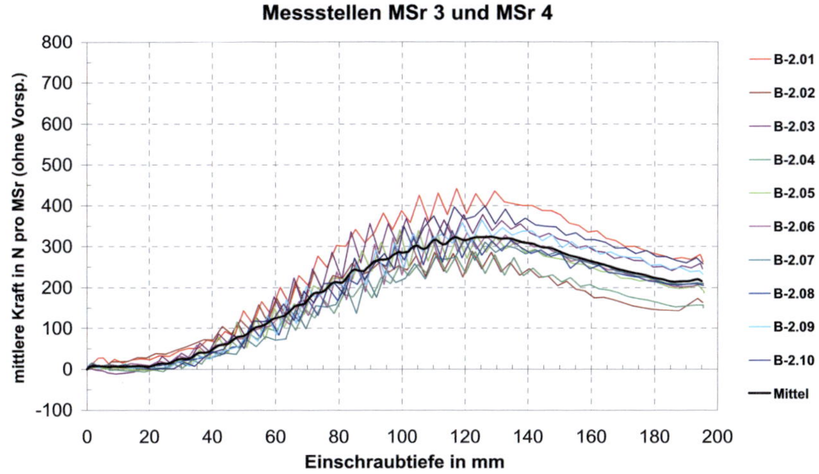

Bild 9-14   Ergebnisse der Versuchsreihe B-2 (ohne Berücksichtigung der Vorspannung), Messstellen 3 und 4

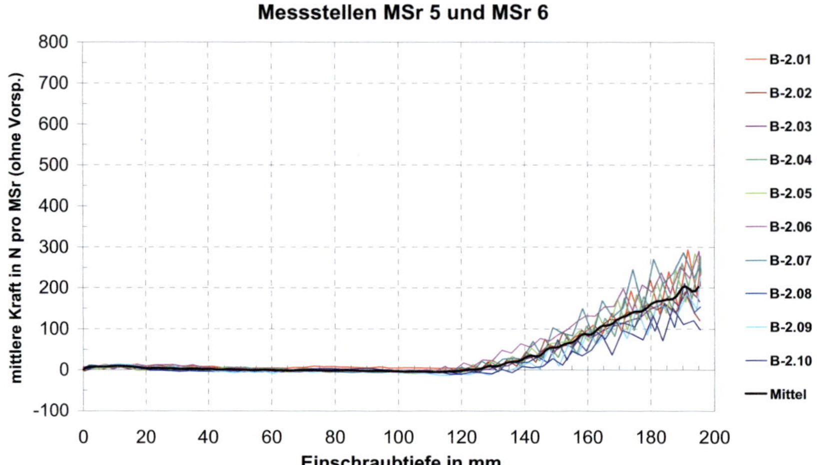

Bild 9-15   Ergebnisse der Versuchsreihe B-2 (ohne Berücksichtigung der Vorspannung), Messstellen 5 und 6

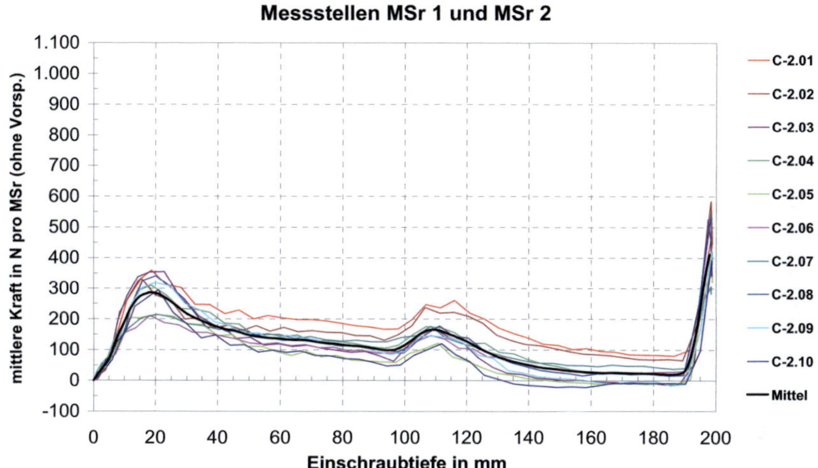

Bild 9-16   Ergebnisse der Versuchsreihe C-2 (ohne Berücksichtigung der Vorspannung), Messstellen 1 und 2

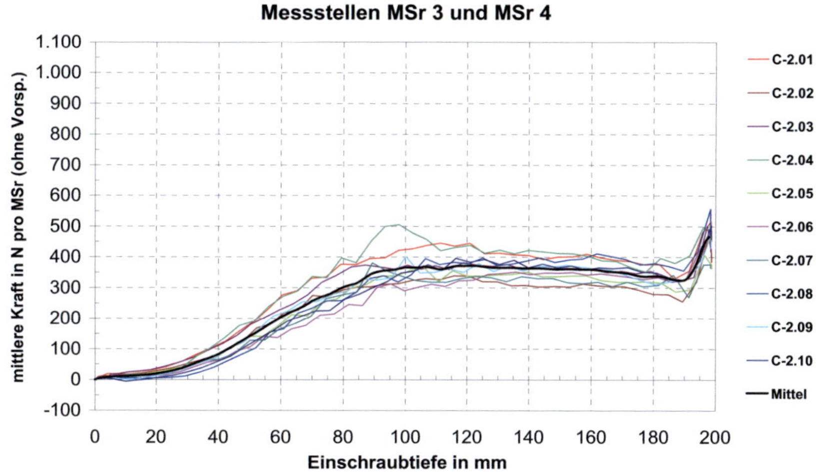

Bild 9-17   Ergebnisse der Versuchsreihe C-2 (ohne Berücksichtigung der Vorspannung), Messstellen 3 und 4

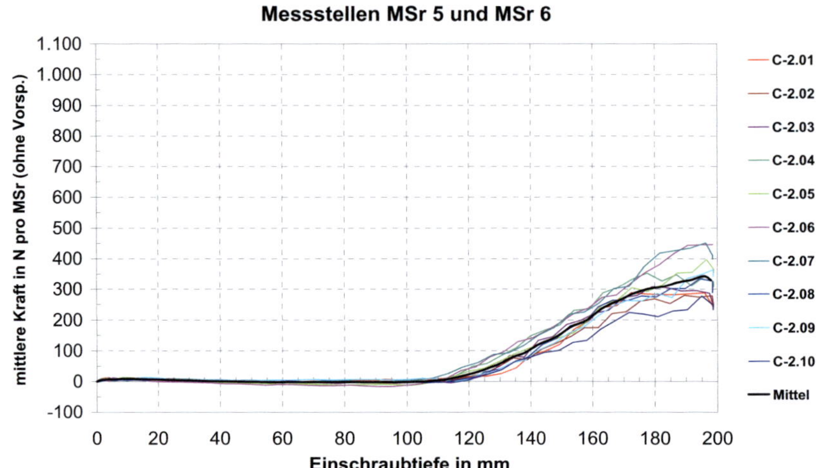

Bild 9-18   Ergebnisse der Versuchsreihe C-2 (ohne Berücksichtigung der Vorspannung), Messstellen 5 und 6

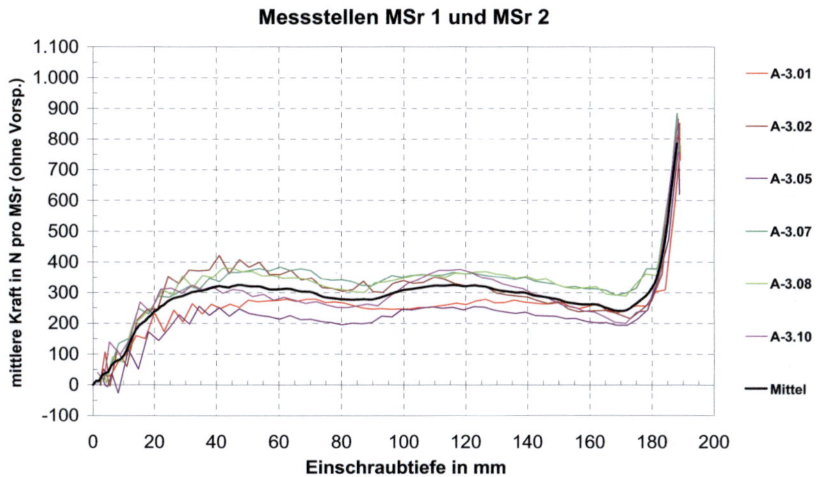

Bild 9-19   Ergebnisse der Versuchsreihe A-3 (ohne Berücksichtigung der Vorspannung), Messstellen 1 und 2

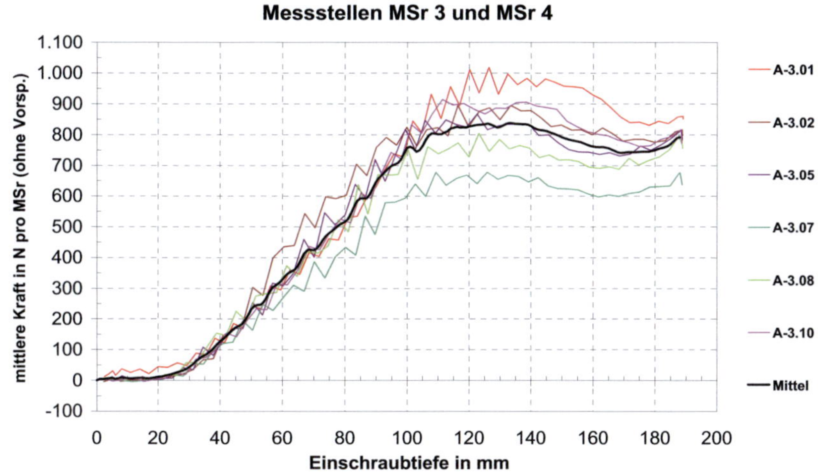

Bild 9-20   Ergebnisse der Versuchsreihe A-3 (ohne Berücksichtigung der Vorspannung), Messstellen 3 und 4

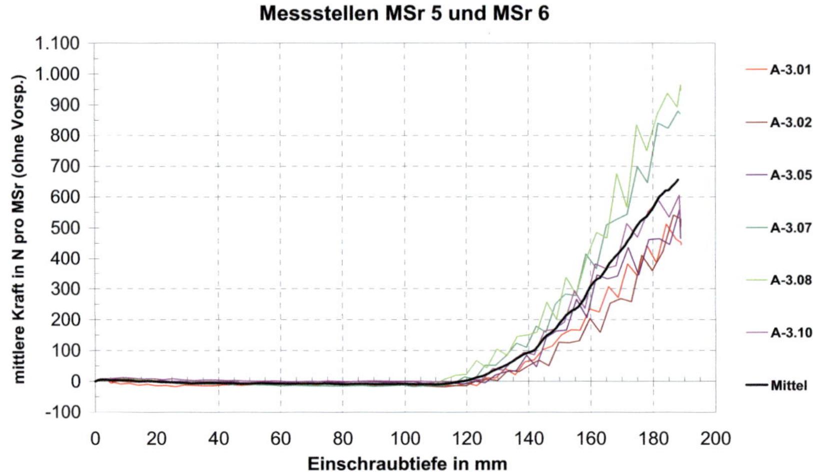

Bild 9-21   Ergebnisse der Versuchsreihe A-3 (ohne Berücksichtigung der Vor-spannung), Messstellen 5 und 6

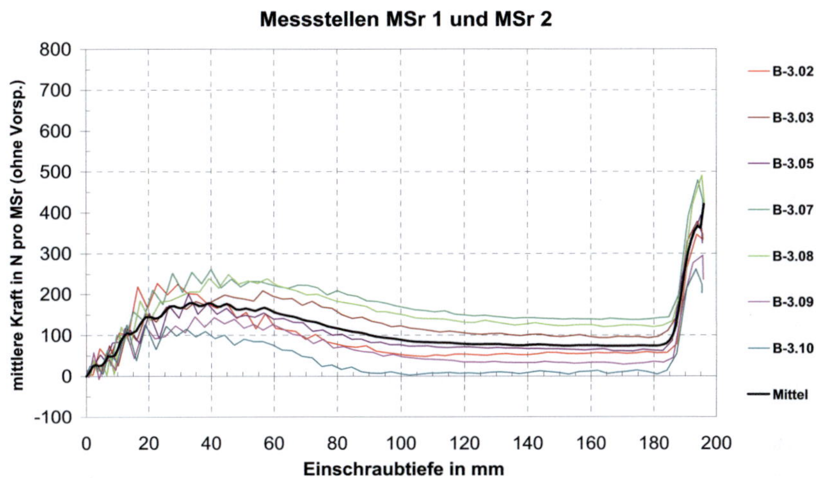

Bild 9-22   Ergebnisse der Versuchsreihe B-3 (ohne Berücksichtigung der Vorspannung), Messstellen 1 und 2

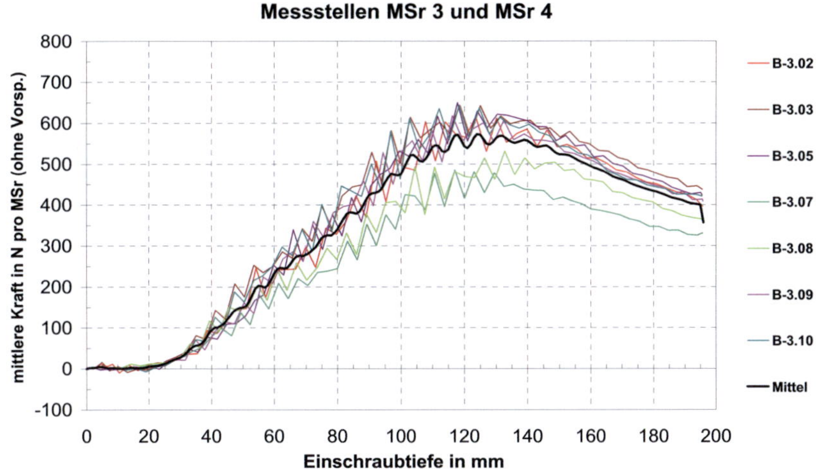

Bild 9-23   Ergebnisse der Versuchsreihe B-3 (ohne Berücksichtigung der Vorspannung), Messstellen 3 und 4

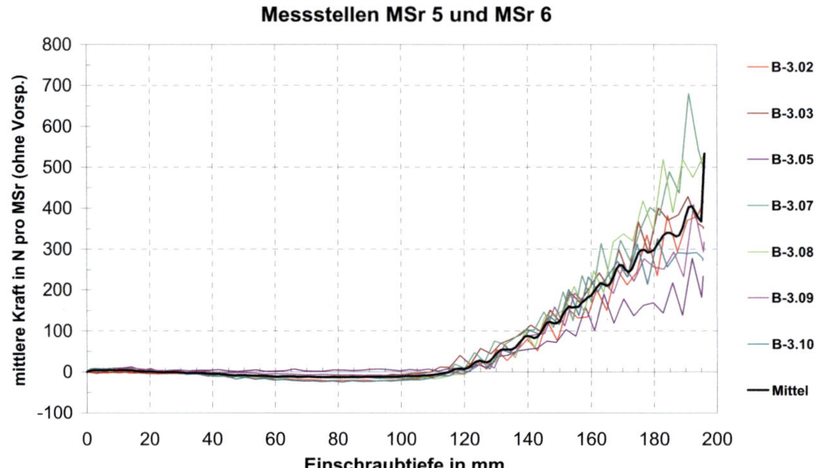

Bild 9-24 Ergebnisse der Versuchsreihe B-3 (ohne Berücksichtigung der Vor-spannung), Messstellen 5 und 6

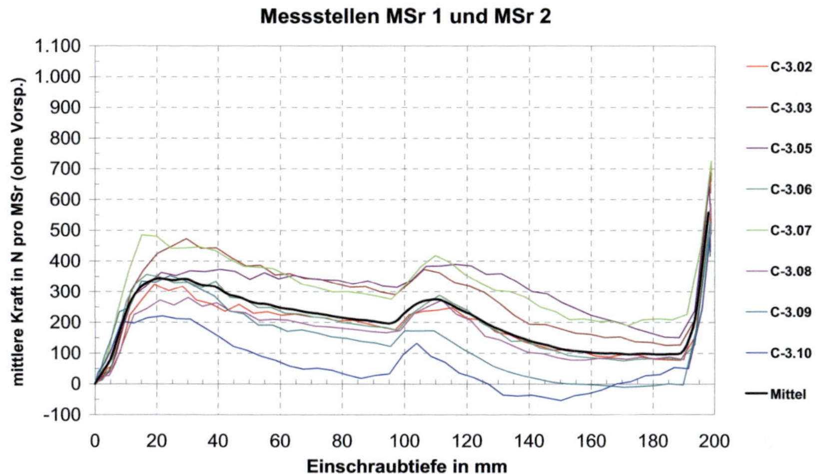

Bild 9-25   Ergebnisse der Versuchsreihe C-3 (ohne Berücksichtigung der Vor-
                   spannung), Messstellen 1 und 2

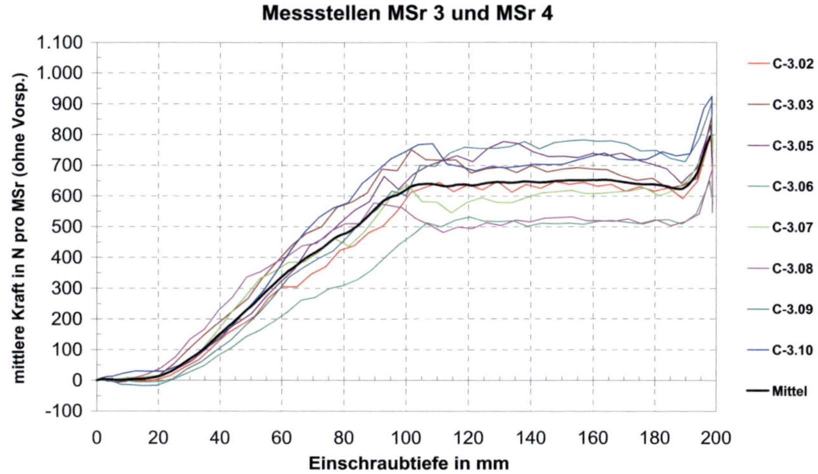

Bild 9-26   Ergebnisse der Versuchsreihe C-3 (ohne Berücksichtigung der Vor-
                   spannung), Messstellen 3 und 4

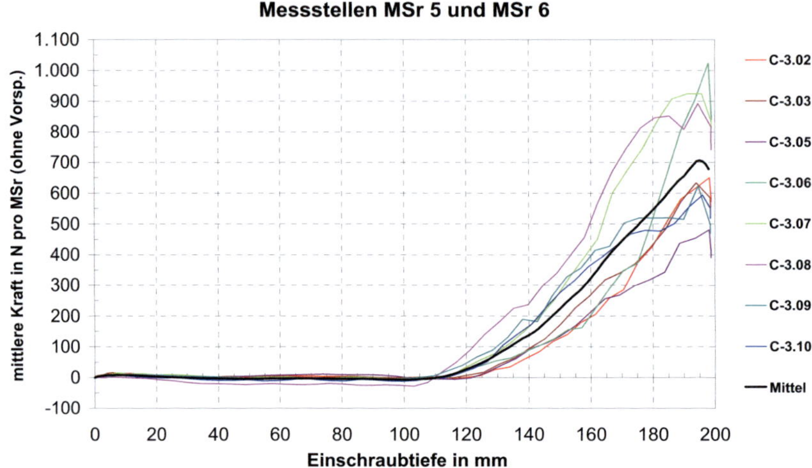

Bild 9-27 Ergebnisse der Versuchsreihe C-3 (ohne Berücksichtigung der Vorspannung), Messstellen 5 und 6

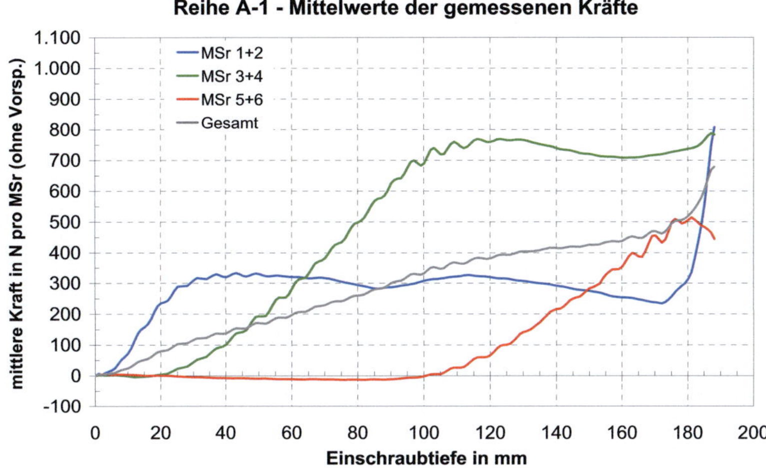

Bild 9-28   Ergebnisse der Versuchsreihe A-1, Mittelwerte aus 9 Einzelversuchen (ohne Berücksichtigung der Vorspannung)

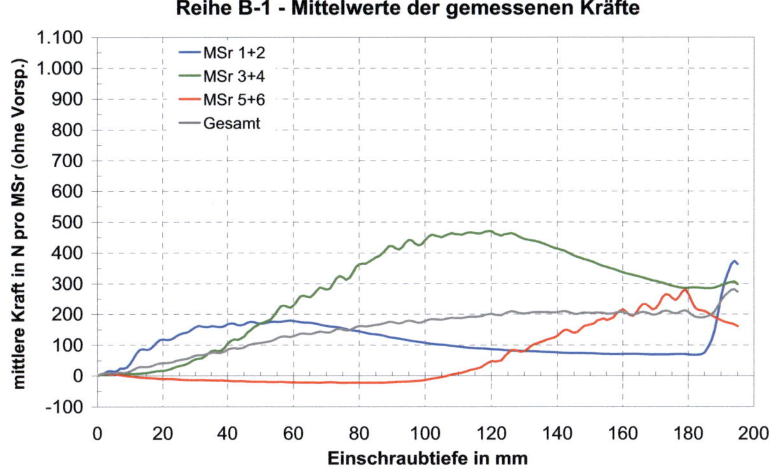

Bild 9-29   Ergebnisse der Versuchsreihe B-1, Mittelwerte aus 8 Einzelversuchen (ohne Berücksichtigung der Vorspannung)

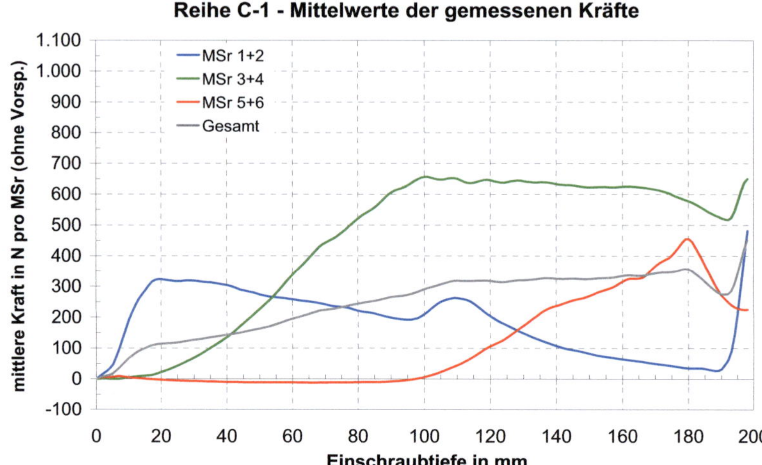

Bild 9-30   Ergebnisse der Versuchsreihe C-1, Mittelwerte aus 7 Einzelversuchen (ohne Berücksichtigung der Vorspannung)

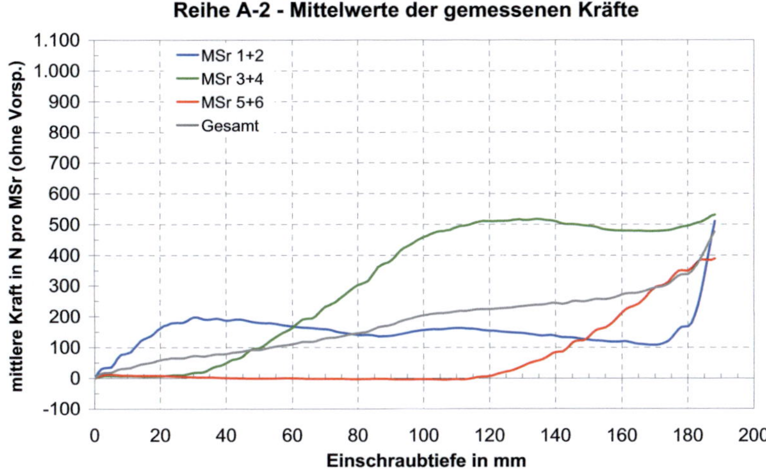

Bild 9-31   Ergebnisse der Versuchsreihe A-2, Mittelwerte aus 9 Einzelversu-
             chen (ohne Berücksichtigung der Vorspannung)

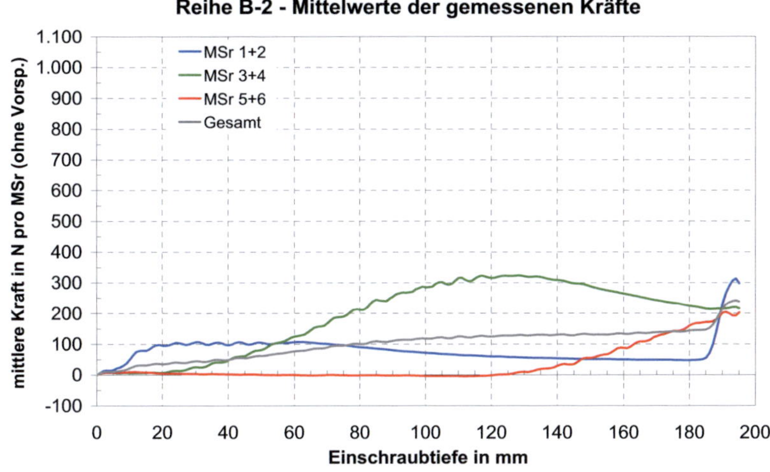

Bild 9-32   Ergebnisse der Versuchsreihe B-2, Mittelwerte aus 10 Einzelversu-
             chen (ohne Berücksichtigung der Vorspannung)

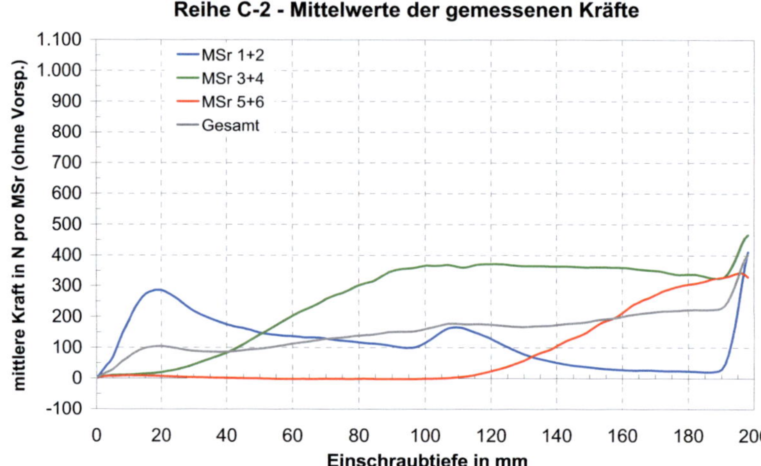

Bild 9-33   Ergebnisse der Versuchsreihe C-2, Mittelwerte aus 10 Einzelversu-chen (ohne Berücksichtigung der Vorspannung)

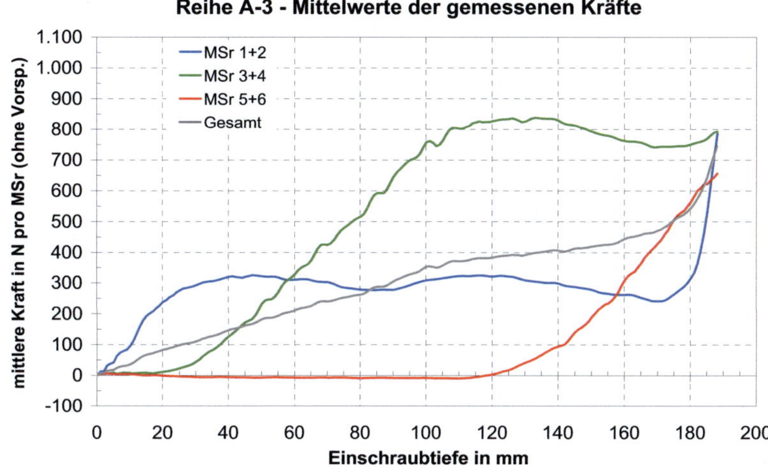

Bild 9-34   Ergebnisse der Versuchsreihe A-3, Mittelwerte aus 6 Einzelversuchen (ohne Berücksichtigung der Vorspannung)

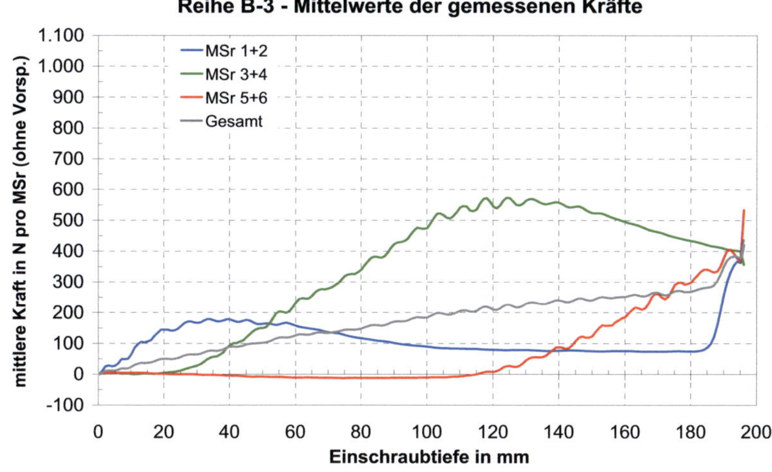

Bild 9-35   Ergebnisse der Versuchsreihe B-3, Mittelwerte aus 7 Einzelversuchen (ohne Berücksichtigung der Vorspannung)

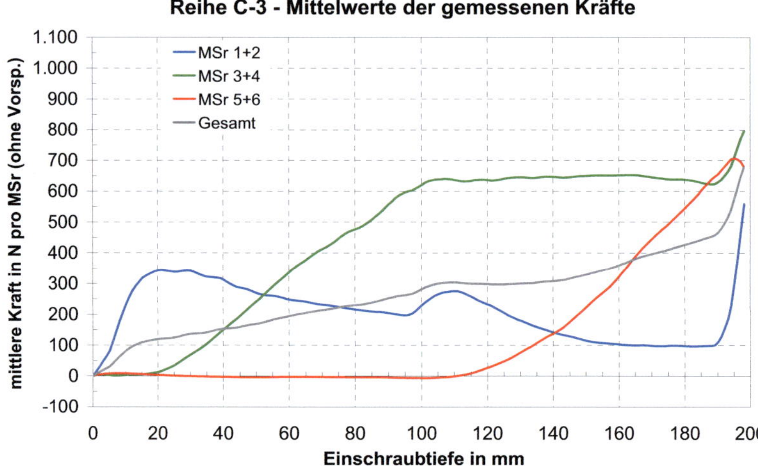

Bild 9-36   Ergebnisse der Versuchsreihe C-3, Mittelwerte aus 8 Einzelversuchen (ohne Berücksichtigung der Vorspannung)

Tabelle 9-10 Prüfkörper der Reihe A-1, Rohdichte, Holzfeuchte u. Eindrücktiefen

Versuch	ρ in kg/m³		u in %		Eindrücktiefen in mm						Verhältnis der Eindrücktiefen				verwertbar
	Seite A	Seite B	Seite A	Seite B	Seite A			Seite B							
					oben	mitte	unten	oben	mitte	unten	oben	mitte	unten	Mittelw.	
A-1.01	461	458	13,1	12,8	2,5	2,2	2,3	1,5	1,9	1,6	1,67	1,16	1,44	1,42	x
A-1.02*	459	466	13,2	13,1	1,8	2,9	3,6	2,1	1,3	1,0	0,86	2,23	3,60	2,23	-
A-1.03	459	447	13,1	13,2	1,7	2,0	2,6	2,3	1,9	1,3	0,74	1,05	2,00	1,26	x
A-1.04	457	455	13,6	13,2	1,6	2,3	2,9	2,4	1,7	0,9	0,67	1,35	3,22	1,75	x
A-1.05	467	457	13,6	13,3	2,1	2,4	2,5	1,9	1,6	1,4	1,11	1,50	1,79	1,47	x
A-1.06	471	455	13,7	13,3	2,1	1,8	1,6	2,0	2,3	2,4	1,05	0,78	0,67	0,83	x
A-1.07	470	447	13,6	13,3	2,0	2,1	2,0	1,9	1,8	1,9	1,05	1,17	1,05	1,09	x
A-1.08	443	447	13,6	13,3	2,0	2,4	2,4	2,1	1,8	1,5	0,95	1,33	1,60	1,29	x
A-1.09	449	445	13,4	13,2	1,3	2,1	2,3	2,6	2,1	1,6	0,50	1,00	1,44	0,98	x
A-1.10	439	438	13,3	13,1	1,7	1,4	1,6	2,1	2,6	2,2	0,81	0,54	0,73	0,69	x
Mittelwert	457	450	13,4	13,2	1,9	2,1	2,2	2,1	2,0	1,6					
Standard-abweichung	11,6	6,70	0,23	0,16	0,35	0,32	0,44	0,32	0,32	0,46					
Variations-koeffizient in %	2,54	1,49	1,72	1,21	18,4	15,2	20,0	15,2	16,0	28,8					

* Bei der statistischen Auswertung nicht berücksichtigt.

Tabelle 9-11 Prüfkörper der Reihe B-1, Rohdichte, Holzfeuchte u. Eindrücktiefen

Versuch	ρ in kg/m³		u in %		Eindrücktiefen in mm						Verhältnis der Eindrücktiefen				verwertbar
	Seite A	Seite B	Seite A	Seite B	Seite A			Seite B							
					oben	mitte	unten	oben	mitte	unten	oben	mitte	unten	Mittelw.	
B-1.01	455	444	13,2	13,3	2,6	2,9	3,0	2,4	2,1	2,0	1,08	1,38	1,50	1,32	x
B-1.02	461	454	13,3	13,5	3,0	2,3	2,2	1,8	2,3	2,6	1,67	1,00	0,85	1,17	x
B-1.03*	459	452	13,5	13,7	2,5	3,0	3,1	2,6	2,0	1,8	0,96	1,50	1,72	1,39	-
B-1.04	463	447	13,5	13,7	2,5	2,5	2,5	2,4	2,6	2,4	1,04	0,96	1,04	1,01	x
B-1.05	466	466	13,4	13,7	2,3	1,9	1,8	2,6	2,9	3,0	0,88	0,66	0,60	0,71	x
B-1.06	473	472	13,6	13,8	2,8	2,3	2,2	2,1	2,5	2,5	1,33	0,92	0,88	1,04	x
B-1.07	472	449	13,5	13,9	2,3	2,1	2,1	2,3	2,6	2,7	1,00	0,81	0,78	0,86	x
B-1.08	450	444	13,3	13,5	2,4	2,6	2,6	2,1	2,3	2,1	1,14	1,13	1,24	1,17	x
B-1.09	479	466	13,3	13,5	2,6	2,5	2,5	2,4	2,6	2,6	1,08	0,96	0,96	1,00	x
B-1.10*	444	450	13,1	13,4	2,3	2,3	2,5	2,4	2,7	2,3	0,96	0,85	1,09	0,97	-
Mittelwert	465	455	13,4	13,6	2,6	2,4	2,4	2,3	2,5	2,5					
Standard-abweichung	9,67	11,2	0,14	0,20	0,24	0,31	0,37	0,25	0,25	0,32					
Variations-koeffizient in %	2,08	2,46	1,04	1,47	9,23	12,9	15,4	10,9	10,0	12,8					

* Bei der statistischen Auswertung nicht berücksichtigt.

Tabelle 9-12   Prüfkörper der Reihe C-1, Rohdichte, Holzfeuchte u. Eindrücktiefen

Versuch	ρ in kg/m³ Seite A	ρ in kg/m³ Seite B	u in % Seite A	u in % Seite B	Eindrücktiefen in mm Seite A oben	mitte	unten	Seite B oben	mitte	unten	Verhältnis der Eindrücktiefen oben	mitte	unten	Mittelw.	verwertbar
C-1.01	453	448	13,4	13,2	2,8	2,6	2,3	2,6	2,6	2,0	1,08	1,00	1,15	1,08	x
C-1.02	458	448	13,6	13,6	2,7	2,9	2,1	2,5	2,5	2,2	1,08	1,16	0,95	1,06	x
C-1.03	464	446	13,6	13,7	2,6	2,8	2,3	2,8	2,6	2,3	0,93	1,08	1,00	1,00	x
C-1.04	478	474	13,7	13,6	2,8	3,2	2,4	2,7	2,4	2,1	1,04	1,33	1,14	1,17	x
C-1.05	473	463	13,8	13,8	2,5	2,9	2,3	2,8	2,6	2,3	0,89	1,12	1,00	1,00	x
C-1.06	469	453	13,8	13,7	2,8	2,9	2,6	2,7	2,7	2,4	1,04	1,07	1,08	1,06	x
C-1.07	471	448	13,7	13,6	2,8	2,9	2,3	2,9	2,8	2,2	0,97	1,04	1,05	1,02	x
C-1.08*	464	465	13,3	13,5	2,8	2,8	2,5	2,8	2,8	2,4	1,00	1,00	1,04	1,01	-
C-1.09*	464	460	13,6	13,5	2,7	2,9	2,5	2,7	2,8	2,5	1,00	1,04	1,00	1,01	-
C-1.10*	426	426	12,6	12,9	-	-	-	-	-	-	-	-	-	-	-
Mittelwert	467	454	13,7	13,6	2,7	2,9	2,3	2,7	2,6	2,2					
Standardabweichung	8,77	10,4	0,14	0,19	0,12	0,18	0,15	0,13	0,13	0,13					
Variationskoeffizient in %	1,88	2,29	1,02	1,40	4,44	6,21	6,52	4,81	5,00	5,91					

* Bei der statistischen Auswertung nicht berücksichtigt.

Tabelle 9-13 Prüfkörper der Reihe A-2, Rohdichte, Holzfeuchte u. Eindrücktiefen

| Versuch | ρ in kg/m³ | | u in % | | Eindrücktiefen in mm | | | | | | Verhältnis der Eindrücktiefen | | | | verwertbar |
| | Seite A | Seite B | Seite A | Seite B | Seite A | | | Seite B | | | | | | | |
	A	B	A	B	oben	mitte	unten	oben	mitte	unten	oben	mitte	unten	Mittelw.	
A-2.01*	383	399	13,4	13,0	1,0	0,5	-	3,0	4,1	-	0,33	0,12	-	-	-
A-2.02	394	396	13,7	13,1	1,4	0,7	0,7	2,7	3,5	3,7	0,52	0,20	0,19	0,30	x
A-2.03*	389	394	13,8	13,3	1,3	0,5	-	2,9	4,2	-	0,45	0,12	-	-	-
A-2.04	399	377	12,0	12,7	1,9	1,2	0,4	2,2	3,1	3,9	0,86	0,39	0,10	0,45	x
A-2.05	390	379	13,3	13,1	2,6	3,0	3,3	1,4	1,2	1,0	1,86	2,50	3,30	2,55	x
A-2.06	391	379	14,5	13,1	1,9	2,2	2,1	2,2	2,1	1,8	0,86	1,05	1,17	1,03	x
A-2.07	387	381	13,3	13,1	1,4	2,1	2,0	2,8	2,3	1,8	0,50	0,91	1,11	0,84	x
A-2.08*	413	405	13,2	12,9	1,8	0,7	-	2,2	3,6	-	0,82	0,19	-	-	-
A-2.09*	389	399	13,4	13,0	1,9	0,5	-	2,3	3,7	-	0,83	0,14	-	-	-
A-2.10	388	399	13,2	12,8	1,9	1,6	1,3	2,5	2,7	2,7	0,76	0,59	0,48	0,61	x
A-2.11	352	362	13,3	13,4	2,9	2,7	2,5	1,5	1,4	1,5	1,93	1,93	1,67	1,84	x
A-2.12	351	355	13,6	13,1	2,6	2,4	2,0	1,8	2,2	2,1	1,44	1,09	0,95	1,16	x
A-2.13	352	350	13,7	13,1	1,8	1,2	1,1	2,3	3,1	3,4	0,78	0,39	0,32	0,50	x
A-2.14*	362	365	13,6	12,7	2,2	2,2	2,3	2,2	2,1	1,8	1,00	1,05	1,28	1,11	-
Mittelwert	378	375	13,4	13,1	2,0	1,9	1,7	2,2	2,4	2,4					
Standardabweichung	20,2	16,9	0,66	0,20	0,54	0,77	0,92	0,50	0,78	1,04					
Variationskoeffizient in %	5,34	4,51	4,93	1,53	27,0	40,5	54,1	22,7	32,5	43,3					

* Bei der statistischen Auswertung nicht berücksichtigt.

Tabelle 9-14 Prüfkörper der Reihe B-2, Rohdichte, Holzfeuchte u. Eindrücktiefen

| Versuch | ρ in kg/m³ | | u in % | | Eindrücktiefen in mm | | | | | | Verhältnis der Eindrücktiefen | | | | verwertbar |
| | Seite A | Seite B | Seite A | Seite B | Seite A | | | Seite B | | | | | | | |
	A	B	A	B	oben	mitte	unten	oben	mitte	unten	oben	mitte	unten	Mittelw.	
B-2.01	391	386	13,1	13,0	2,4	2,5	2,4	2,8	2,9	2,7	0,86	0,86	0,89	0,87	x
B-2.02	385	385	13,4	13,0	2,2	3,3	3,1	3,1	2,8	2,2	0,71	1,18	1,41	1,10	x
B-2.03	397	401	13,2	13,0	3,4	3,0	2,6	1,7	2,4	2,9	2,00	1,25	0,90	1,38	x
B-2.04	384	376	11,8	11,8	1,9	1,3	1,2	3,4	3,9	4,1	0,56	0,33	0,29	0,39	x
B-2.05	384	385	13,1	13,1	2,8	2,7	2,3	2,5	2,8	2,8	1,12	0,96	0,82	0,97	x
B-2.06	394	380	13,1	13,0	2,9	2,7	2,4	2,6	2,7	3,0	1,12	1,00	0,80	0,97	x
B-2.07	396	407	13,5	13,3	1,6	2,0	2,4	3,7	3,9	2,9	0,43	0,51	0,83	0,59	x
B-2.08	412	405	13,0	13,0	2,9	2,3	1,3	2,1	3,0	3,6	1,38	0,77	0,36	0,84	x
B-2.09	390	402	13,2	13,1	2,6	3,3	3,3	2,6	2,2	2,0	1,00	1,50	1,65	1,38	x
B-2.10	392	400	13,1	13,0	1,9	1,8	1,5	3,4	3,5	3,9	0,56	0,51	0,38	0,48	x
Mittelwert	393	393	13,1	12,9	2,5	2,5	2,3	2,8	3,0	3,0					
Standardabweichung	8,33	11,4	0,46	0,41	0,56	0,65	0,71	0,62	0,58	0,68					
Variationskoeffizient in %	2,12	2,90	3,51	3,18	22,4	26,0	30,9	22,1	19,3	22,7					

Tabelle 9-15   Prüfkörper der Reihe C-2, Rohdichte, Holzfeuchte u. Eindrücktiefen

Versuch	ρ in kg/m³ Seite A	ρ in kg/m³ Seite B	u in % Seite A	u in % Seite B	Eindrücktiefen in mm Seite A oben	Seite A mitte	Seite A unten	Seite B oben	Seite B mitte	Seite B unten	Verhältnis der Eindrücktiefen oben	mitte	unten	Mittelw.	verwertbar
C-2.01	398	391	13,1	12,3	2,9	2,3	2,3	2,8	2,8	2,4	1,04	0,82	0,96	0,94	x
C-2.02	380	392	13,2	12,5	3,0	2,9	2,3	2,9	3,1	2,8	1,03	0,94	0,82	0,93	x
C-2.03	382	382	13,1	12,4	2,9	2,9	2,7	2,9	3,0	3,0	1,00	0,97	0,90	0,96	x
C-2.04	386	370	12,9	12,8	2,9	3,1	2,6	3,0	2,6	2,4	0,97	1,19	1,08	1,08	x
C-2.05	386	377	13,1	12,8	3,0	3,3	2,5	2,9	2,5	2,4	1,03	1,32	1,04	1,13	x
C-2.06	410	390	12,9	12,8	2,4	3,3	2,8	3,4	2,0	2,0	0,71	1,65	1,40	1,25	x
C-2.07	384	376	13,0	12,8	3,0	3,2	2,6	3,0	2,5	2,4	1,00	1,28	1,08	1,12	x
C-2.08	383	394	13,2	12,7	2,8	1,9	1,5	3,0	3,2	3,3	0,93	0,59	0,45	0,66	x
C-2.09	392	398	13,2	12,8	2,7	1,9	2,3	2,9	3,3	2,9	0,93	0,58	0,79	0,77	x
C-2.10	386	398	12,9	12,5	2,8	2,5	2,5	3,0	3,0	2,6	0,93	0,83	0,96	0,91	x
Mittelwert	389	387	13,1	12,6	2,8	2,7	2,4	3,0	2,8	2,6					
Standardabweichung	9,12	9,86	0,13	0,20	0,18	0,55	0,36	0,16	0,40	0,38					
Variationskoeffizient in %	2,34	2,55	0,99	1,59	6,43	20,4	15,0	5,33	14,3	14,6					

Tabelle 9-16   Prüfkörper der Reihe A-3, Rohdichte, Holzfeuchte u. Eindrücktiefen

Versuch	ρ in kg/m³ Seite A	Seite B	u in % Seite A	Seite B	Eindrücktiefen in mm Seite A oben	mitte	unten	Seite B oben	mitte	unten	Verhältnis der Eindrücktiefen oben	mitte	unten	Mittelw.	verwertbar
A-3.01	503	515	12,9	12,9	2,3	3,3	3,2	2,0	1,2	0,5	1,15	2,75	6,40	3,43	x
A-3.02	514	494	13,4	13,3	2,4	2,4	2,4	1,3	1,8	1,0	1,85	1,33	2,40	1,86	x
A-3.03*	487	496	13,2	13,5	3,1	-	-	0,8	-	-	3,88	-	-	-	-
A-3.04*	496	500	13,5	13,4	2,3	-	-	1,4	-	-	1,64	-	-	-	-
A-3.05	488	497	13,4	13,2	1,8	1,6	0,9	1,9	2,4	2,6	0,95	0,67	0,35	0,66	x
A-3.06*	507	497	13,4	13,4	1,9	2,5	3,0	1,5	1,3	0,5	1,27	1,92	6,00	3,06	-
A-3.07	513	511	13,6	13,5	1,8	3,4	-	1,5	0,7	-	1,20	4,86	-	-	x
A-3.08	524	508	13,4	13,3	1,9	2,2	1,6	2,0	2,3	1,8	0,95	0,96	0,89	0,93	x
A-3.09*	485	490	13,7	13,5	2,2	1,1	0,9	1,9	3,1	2,9	1,16	0,35	0,31	0,61	-
A-3.10	485	496	13,8	13,5	2,1	0,9	1,9	2,1	3,4	1,8	1,00	0,26	1,06	0,77	x
A-3.11*	488	472	13,3	13,3	2,0	2,7	3,3	2,2	1,8	0,8	0,91	1,50	4,13	2,18	-
A-3.12*	-	-	-	-	-	-	-	-	-	-	-	-	-	-	
A-3.13*	428	431	12,6	12,6	1,1	0,8	0,6	2,9	3,8	3,4	0,38	0,21	0,18	0,26	-
Mittelwert	505	504	13,4	13,3	2,1	2,3	2,0	1,8	2,0	1,5					
Standard-abweichung	15,5	8,92	0,30	0,22	0,26	0,97	0,86	0,32	0,96	0,81					
Variations-koeffizient in %	3,07	1,77	2,24	1,65	12,4	42,2	43,0	17,8	48,0	54,0					

* Bei der statistischen Auswertung nicht berücksichtigt.

Tabelle 9-17   Prüfkörper der Reihe B-3, Rohdichte, Holzfeuchte u. Eindrücktiefen

Versuch	ρ in kg/m³ Seite A	Seite B	u in % Seite A	Seite B	Eindrücktiefen in mm Seite A oben	mitte	unten	Seite B oben	mitte	unten	Verhältnis der Eindrücktiefen oben	mitte	unten	Mittelw.	verwertbar
B-3.01*	526	514	12,4	12,5	2,6	2,4	1,8	2,6	2,7	2,8	1,00	0,89	0,64	0,84	-
B-3.02	518	490	13,8	13,8	2,7	2,8	2,6	2,5	2,4	1,9	1,08	1,17	1,37	1,21	x
B-3.03	509	496	13,6	13,9	3,2	3,6	4,1	2,0	1,4	0,6	1,60	2,57	6,83	3,67	x
B-3.04*	525	488	13,7	13,6	2,7	4,6	-	2,4	0,5	-	1,13	9,20	-	-	-
B-3.05	490	497	13,6	13,8	2,5	2,6	2,7	2,6	2,0	2,0	0,96	1,30	1,35	1,20	x
B-3.06*	522	523	13,5	13,7	2,7	3,2	3,4	2,2	1,9	1,1	1,23	1,68	3,09	2,00	-
B-3.07	509	501	13,6	14,0	2,5	2,6	2,2	2,2	2,3	2,4	1,14	1,13	0,92	1,06	x
B-3.08	518	507	13,4	13,6	2,4	2,3	2,0	2,5	3,0	2,5	0,96	0,77	0,80	0,84	x
B-3.09	473	480	13,9	13,8	2,8	3,1	3,1	2,3	2,1	1,6	1,22	1,48	1,94	1,55	x
B-3.10	489	490	13,6	13,7	3,2	2,3	1,9	1,9	2,5	2,8	1,68	0,92	0,68	1,09	x
Mittelwert	501	494	13,6	13,8	2,8	2,8	2,7	2,3	2,2	2,0					
Standard-abweichung	17,1	8,73	0,16	0,13	0,33	0,46	0,76	0,27	0,49	0,73					
Variations-koeffizient in %	3,41	1,77	1,18	0,94	11,8	16,4	28,1	11,7	22,3	36,5					

* Bei der statistischen Auswertung nicht berücksichtigt.

Tabelle 9-18 Prüfkörper der Reihe C-3, Rohdichte, Holzfeuchte u. Eindrücktiefen

| Versuch | ρ in kg/m³ | | u in % | | Eindrücktiefen in mm | | | | | | Verhältnis der Eindrücktiefen | | | | verwertbar |
| | Seite A | Seite B | Seite A | Seite B | Seite A | | | Seite B | | | | | | | |
					oben	mitte	unten	oben	mitte	unten	oben	mitte	unten	Mittelw.	
C-3.01*	504	498	13,1	13,1	2,8	2,9	2,0	2,4	2,3	2,2	1,17	1,26	0,91	1,11	-
C-3.02	495	490	13,2	13,4	3,3	3,4	2,1	2,5	1,8	2,1	1,32	1,89	1,00	1,40	x
C-3.03	495	488	13,2	13,6	2,9	3,2	2,4	2,4	1,8	2,1	1,21	1,78	1,14	1,38	x
C-3.04*	489	484	13,2	13,4	3,2	3,2	3,7	2,1	1,2	0,9	1,52	2,67	4,11	2,77	-
C-3.05	488	504	13,1	13,3	2,7	3,0	2,2	2,6	2,5	2,2	1,04	1,20	1,00	1,08	x
C-3.06	512	509	13,3	13,7	2,9	2,6	2,0	2,7	2,3	2,2	1,07	1,13	0,91	1,04	x
C-3.07	527	514	13,2	13,5	2,5	3,9	3,6	2,6	1,8	1,2	0,96	2,17	3,00	2,04	x
C-3.08	525	512	13,0	13,4	2,8	2,9	1,9	2,4	2,9	2,0	1,17	1,00	0,95	1,04	x
C-3.09	486	494	13,3	13,6	2,7	2,7	2,3	2,7	2,5	1,9	1,00	1,08	1,21	1,10	x
C-3.10	490	508	13,1	13,3	2,7	2,7	2,5	2,8	2,9	2,1	0,96	0,93	1,19	1,03	x
Mittelwert	502	502	13,2	13,5	2,8	3,1	2,4	2,6	2,3	2,0					
Standard-abweichung	16,7	10,3	0,10	0,15	0,24	0,44	0,53	0,15	0,47	0,33					
Variations-koeffizient in %	3,33	2,05	0,76	1,11	8,57	14,2	22,1	5,77	20,4	16,5					

* Bei der statistischen Auswertung nicht berücksichtigt.

9.2 Anhang zu Abschnitt 4.4

Tabelle 9-19   Ersatzlast für den Schraubentyp A aus der numerischen Berechnung mit Ergebnissen der Versuchsreihe A-1, erste Auswertung

Position x in mm	Last q_i (x) in N/mm	Position x in mm	Last q_i (x) in N/mm
0 - 5	15	100 - 105	20
5 - 10	18	105 - 110	20
10 - 15	67	110 - 115	20
15 - 20	30	115 - 120	15
20 - 25	35	120 - 125	15
25 - 30	15	125 - 130	15
30 - 35	15	130 - 135	15
35 - 40	15	135 - 140	15
40 - 45	15	140 - 145	15
45 - 50	15	145 - 150	15
50 - 55	15	150 - 155	15
55 - 60	15	155 - 160	15
60 - 65	20	160 - 165	10
65 - 70	20	165 - 170	10
70 - 75	20	170 - 175	30
75 - 80	20	175 - 180	30
80 - 85	20	180 - 185	125
85 - 90	20	185 - 188*	125
90 - 95	20	188 - 200	0*
95 - 100	20		

* tatsächliche Länge der Schraube 188 mm

Tabelle 9-20   Ersatzlast für den Schraubentyp A aus der numerischen Berech-
                 nung mit Ergebnissen der Versuchsreihe A-1, zweite Auswertung,
                 kalibriert für Rissflächenberechnung

Position x in mm	Last q_i (x) in N/mm	Position x in mm	Last q_i (x) in N/mm
0 - 5	20	100 - 105	19
5 - 10	78	105 - 110	19
10 - 15	30	110 - 115	19
15 - 20	30	115 - 120	19
20 - 25	26	120 - 125	19
25 - 30	18	125 - 130	19
30 - 35	18	130 - 135	20
35 - 40	18	135 - 140	20
40 - 45	18	140 - 145	20
45 - 50	18	145 - 150	20
50 - 55	18	150 - 155	20
55 - 60	18	155 - 160	20
60 - 65	17	160 - 165	20
65 - 70	17	165 - 170	30
70 - 75	17	170 - 175	40
75 - 80	17	175 - 180	68
80 - 85	19	180 - 185	68
85 - 90	19	185 - 188*	80
90 - 95	19	188 - 200	0*
95 - 100	19		

* tatsächliche Länge der Schraube 188 mm

Tabelle 9-21 Ersatzlast für den Schraubentyp B aus der numerischen Berechnung mit Ergebnissen der Versuchsreihe B-1, kalibriert für Rissflächenberechnung

Position x in mm	Last q_i (x) in N/mm	Position x in mm	Last q_i (x) in N/mm
0 - 5	15	100 - 105	8
5 - 10	61	105 - 110	7
10 - 15	35	110 - 115	7
15 - 20	25	115 - 120	7
20 - 25	15	120 - 125	7
25 - 30	8	125 - 130	7
30 - 35	8	130 - 135	7
35 - 40	8	135 - 140	7
40 - 45	8	140 - 145	7
45 - 50	8	145 - 150	7
50 - 55	8	150 - 155	7
55 - 60	8	155 - 160	7
60 - 65	8	160 - 165	7
65 - 70	8	165 - 170	12
70 - 75	8	170 - 175	12
75 - 80	8	175 - 180	12
80 - 85	8	180 - 185	12
85 - 90	8	185 - 190	40
90 - 95	8	190 - 195	50
95 - 100	8	195 - 196*	30
* tatsächliche Länge der Schraube 196 mm			

Tabelle 9-22   Ersatzlast für den Schraubentyp C aus der numerischen Berechnung mit Ergebnissen der Versuchsreihe C-1, kalibriert für Rissflächenberechnung

Position x in mm	Last q_i (x) in N/mm	Position x in mm	Last q_i (x) in N/mm
0 - 5	32	100 - 105	15
5 - 10	75	105 - 110	4
10 - 15	35	110 - 115	4
15 - 20	30	115 - 120	4
20 - 25	23	120 - 125	4
25 - 30	13	125 - 130	4
30 - 35	13	130 - 135	4
35 - 40	13	135 - 140	4
40 - 45	13	140 - 145	4
45 - 50	13	145 - 150	4
50 - 55	13	150 - 155	4
55 - 60	13	155 - 160	4
60 - 65	13	160 - 165	4
65 - 70	13	165 - 170	4
70 - 75	13	170 - 175	4
75 - 80	13	175 - 180	4
80 - 85	13	180 - 185	4
85 - 90	17	185 - 190	20
90 - 95	30	190 - 195	85
95 - 100	45	195 - 198*	90

* tatsächliche Länge der Schraube 198 mm

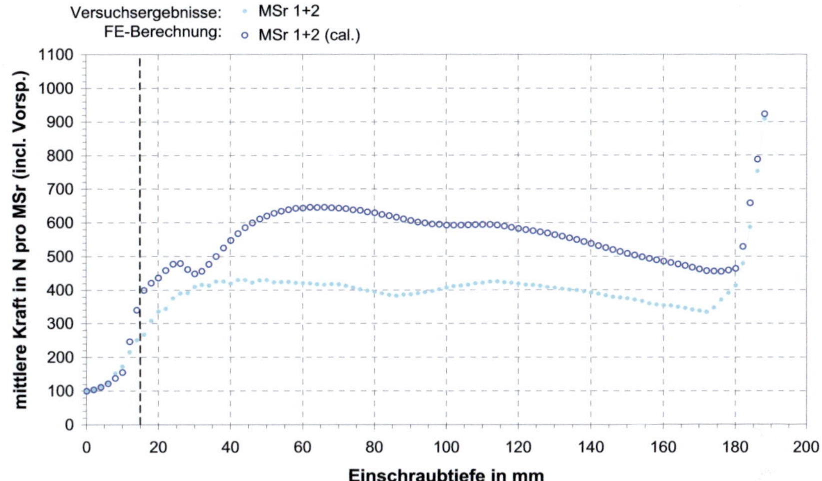

Bild 9-37   Kräfte in den Messschrauben 1/2, Vergleich zwischen Werten aus Versuch und Simulation für Versuchsreihe A-1, erste Auswertung

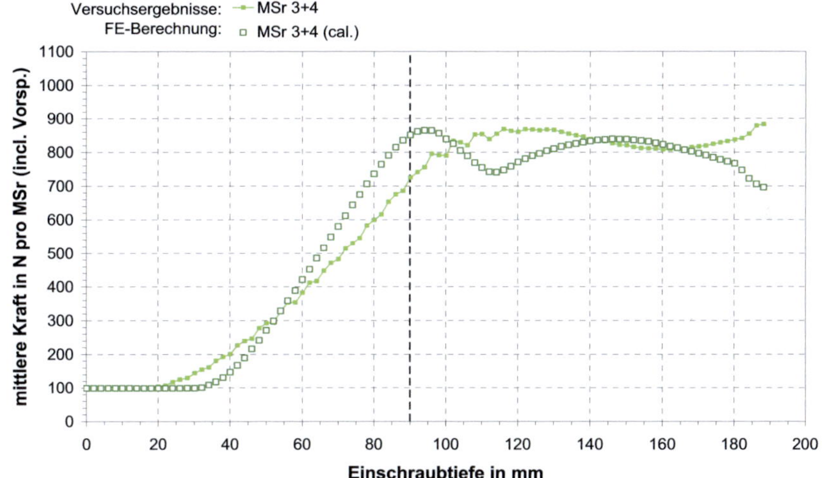

Bild 9-38   Kräfte in den Messschrauben 3/4, Vergleich zwischen Werten aus Versuch und Simulation für Versuchsreihe A-1, erste Auswertung

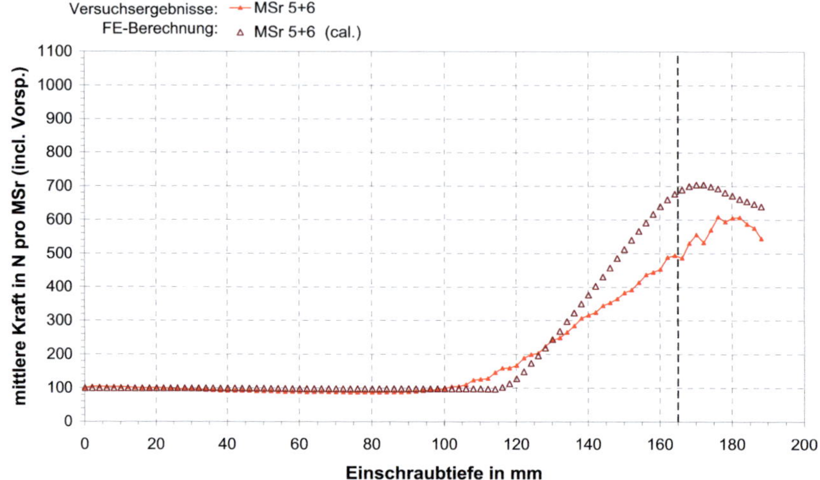

Bild 9-39   Kräfte in den Messschrauben 5/6, Vergleich zwischen Werten aus Versuch und Simulation für Versuchsreihe A-1, erste Auswertung

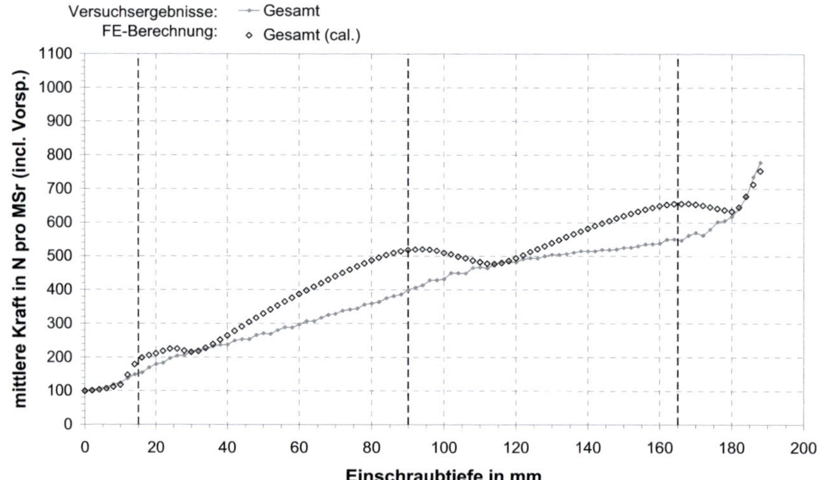

Bild 9-40   Mittlere Gesamtkraft in den Messschrauben 1 bis 6, Vergleich zwischen Werten aus Versuch und Simulation für Versuchsreihe A-1, erste Auswertung

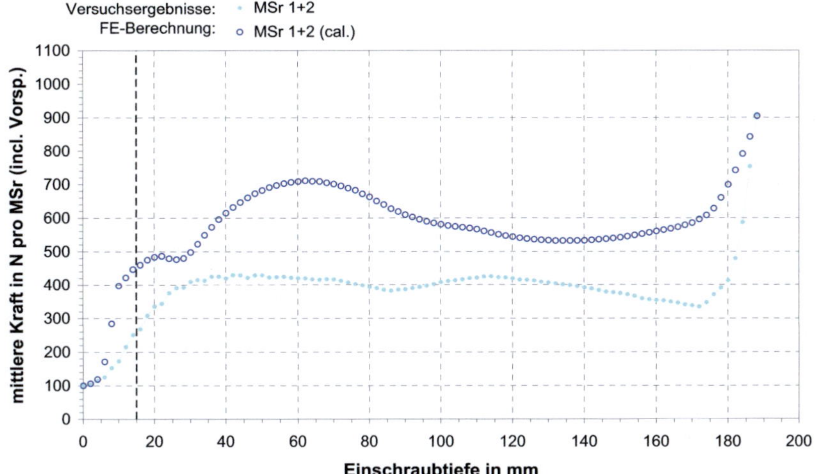

Bild 9-41   Kräfte in den Messschrauben 1/2, Vergleich zwischen Werten aus Versuch und Simulation für Versuchsreihe A-1, zweite Auswertung, kalibriert für Rissflächenermittlung

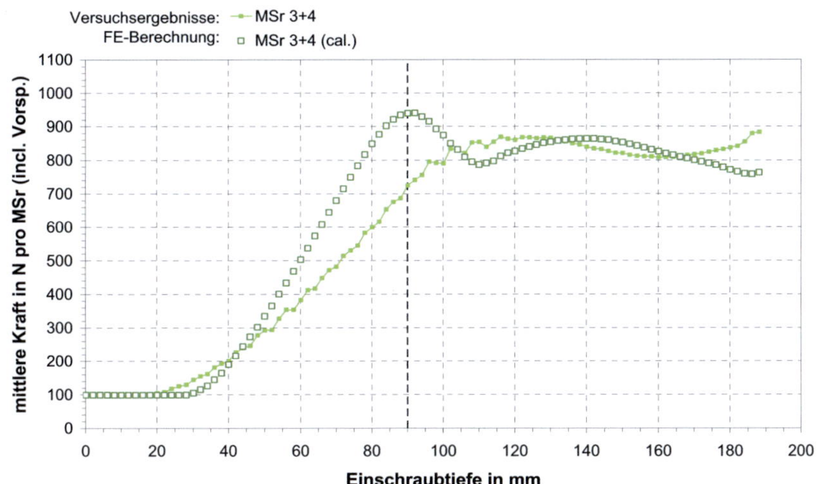

Bild 9-42   Kräfte in den Messschrauben 3/4, Vergleich zwischen Werten aus Versuch und Simulation für Versuchsreihe A-1, zweite Auswertung, kalibriert für Rissflächenermittlung

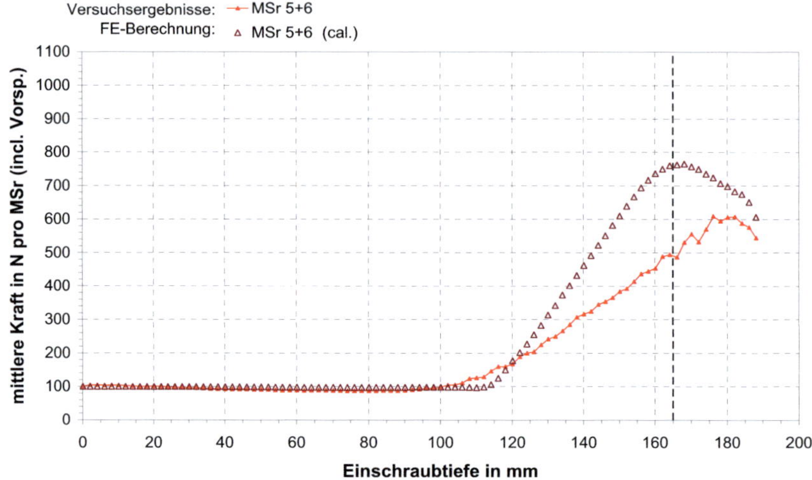

Bild 9-43   Kräfte in den Messschrauben 5/6, Vergleich zwischen Werten aus Versuch und Simulation für Versuchsreihe A-1, zweite Auswertung, kalibriert für Rissflächenermittlung

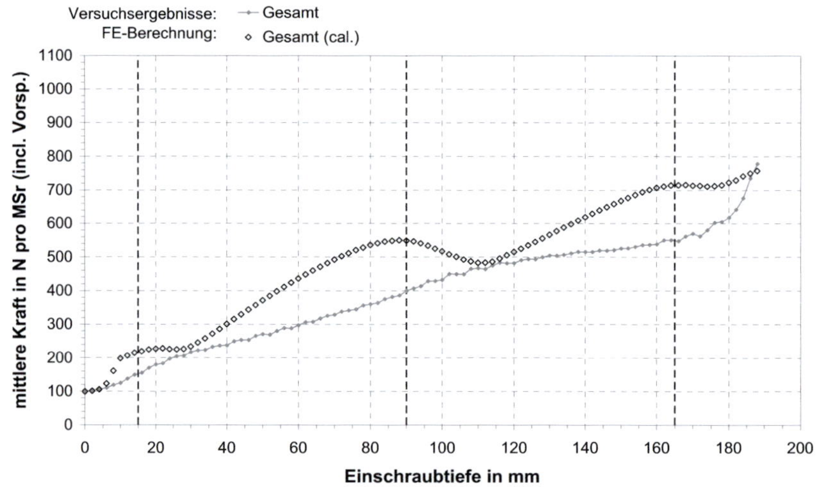

Bild 9-44   Mittlere Gesamtkraft in den Messschrauben 1 bis 6, Vergleich zwischen Werten aus Versuch und Simulation für Versuchsreihe A-1, zweite Auswertung, kalibriert für Rissflächenermittlung

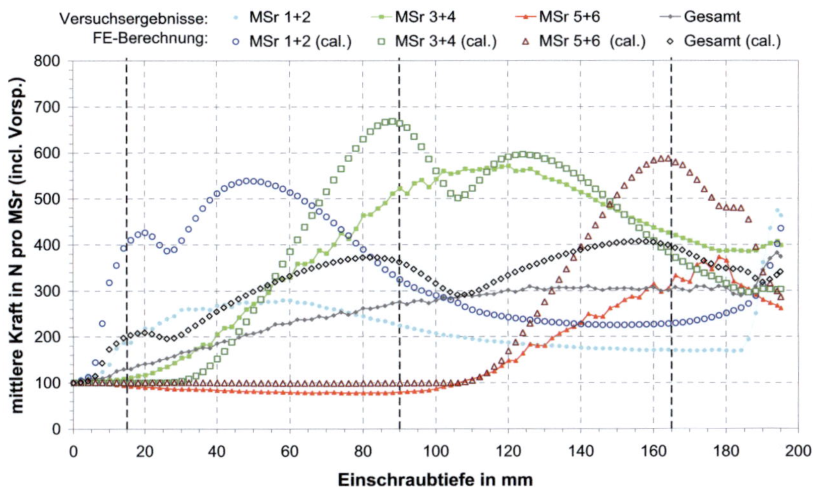

Bild 9-45   Vergleich zwischen Versuchsergebnissen und berechneten Verläufen der Kräfte in den Messschrauben für Versuchsreihe B-1, Berechnung mit für Rissflächenermittlung kalibrierter Ersatzlast

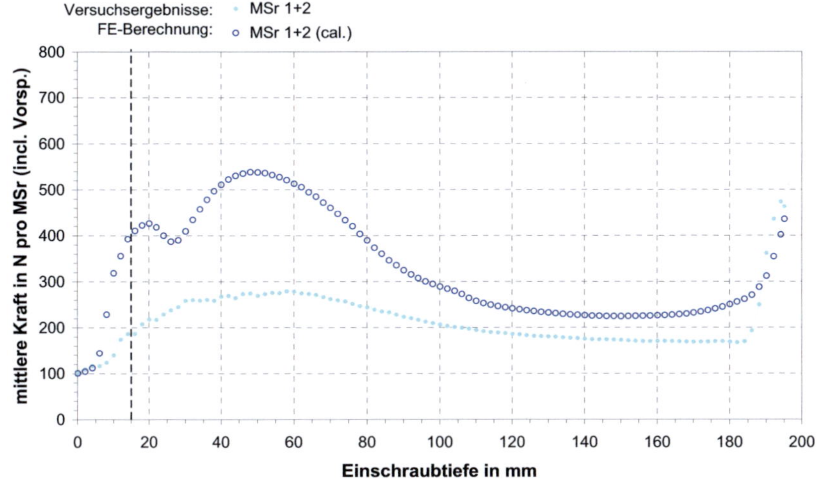

Bild 9-46   Kräfte in den Messschrauben 1 und 2, Vergleich zwischen Werten aus Versuch und Simulation für Versuchsreihe B-1, Berechnung mit für Rissflächenermittlung kalibrierter Ersatzlast

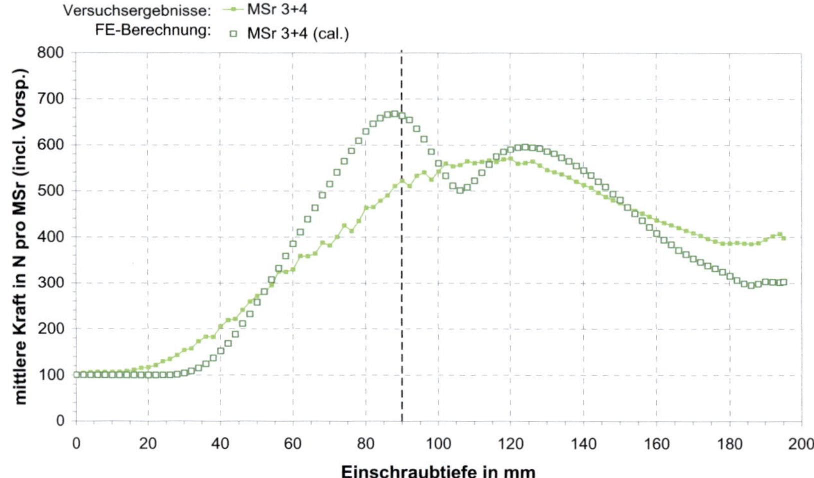

Bild 9-47   Kräfte in den Messschrauben 3 und 4, Vergleich zwischen Werten aus Versuch und Simulation für Versuchsreihe B-1, Berechnung mit für Rissflächenermittlung kalibrierter Ersatzlast

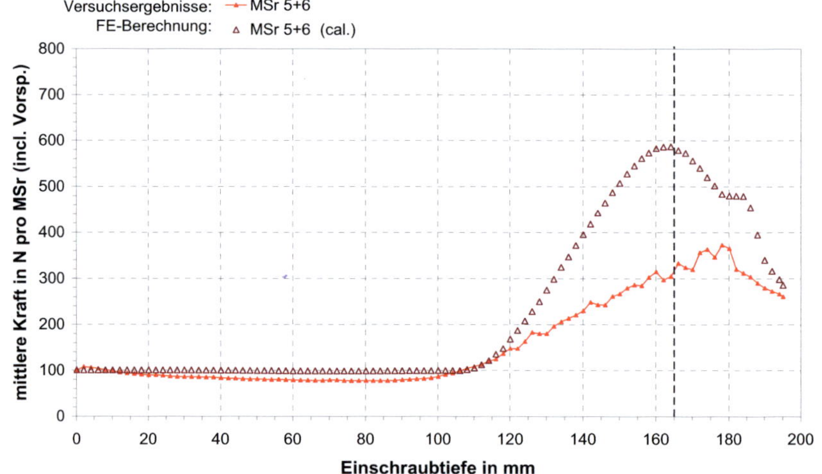

Bild 9-48   Kräfte in den Messschrauben 5 und 6, Vergleich zwischen Werten aus Versuch und Simulation für Versuchsreihe B-1, Berechnung mit für Rissflächenermittlung kalibrierter Ersatzlast

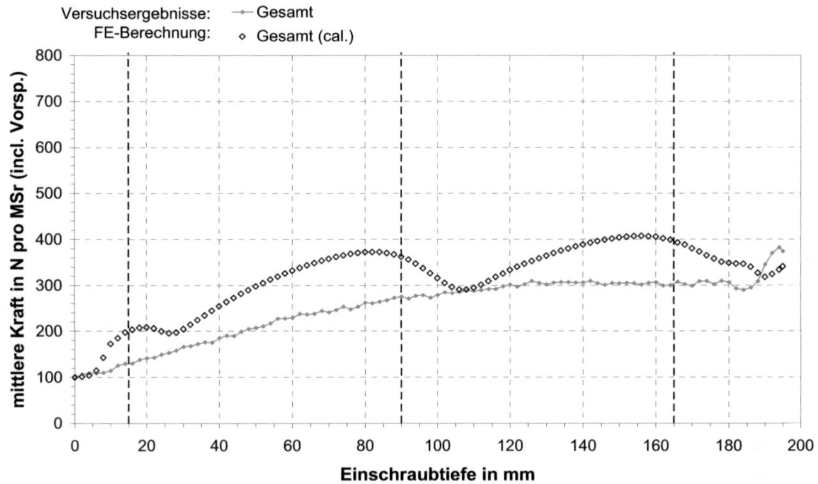

Bild 9-49   Mittlere Gesamtkraft in den Messschrauben 1 bis 6, Vergleich zwischen Werten aus Versuch und Simulation für Versuchsreihe B-1, Berechnung mit für Rissflächenermittlung kalibrierter Ersatzlast

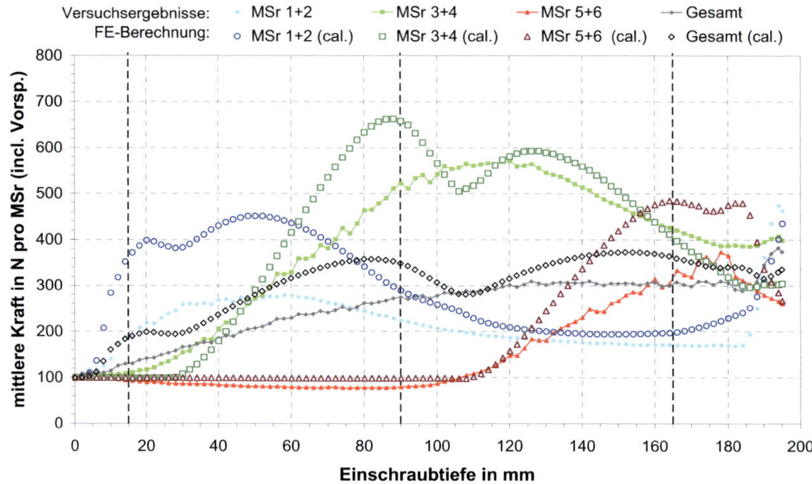

Bild 9-50 Vergleich zwischen Versuchsergebnissen und berechneten Verläufen der Kräfte in den Messschrauben für Versuchsreihe B-1, Berechnung mit $E_R / E_T = 3{,}64 / 1{,}00$, kalibrierte Ersatzlast

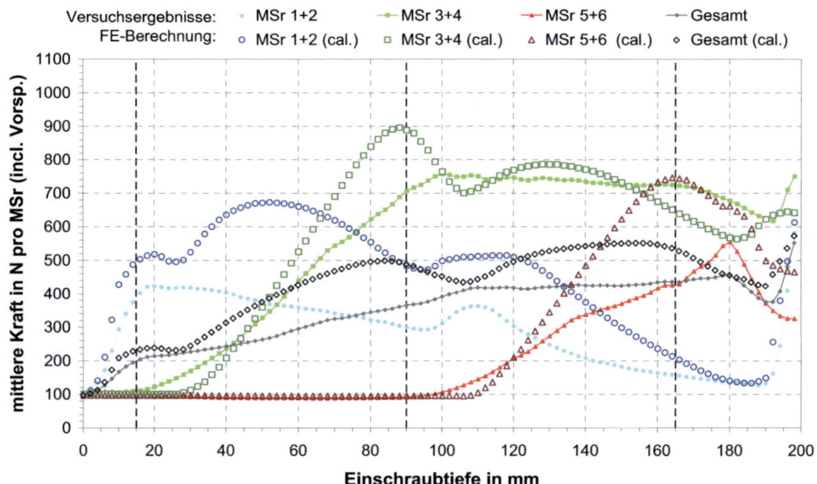

Bild 9-51   Vergleich zwischen Versuchsergebnissen und berechneten Verläufen der Kräfte in den Messschrauben für Versuchsreihe C-1, Berechnung mit für Rissflächenermittlung kalibrierter Ersatzlast

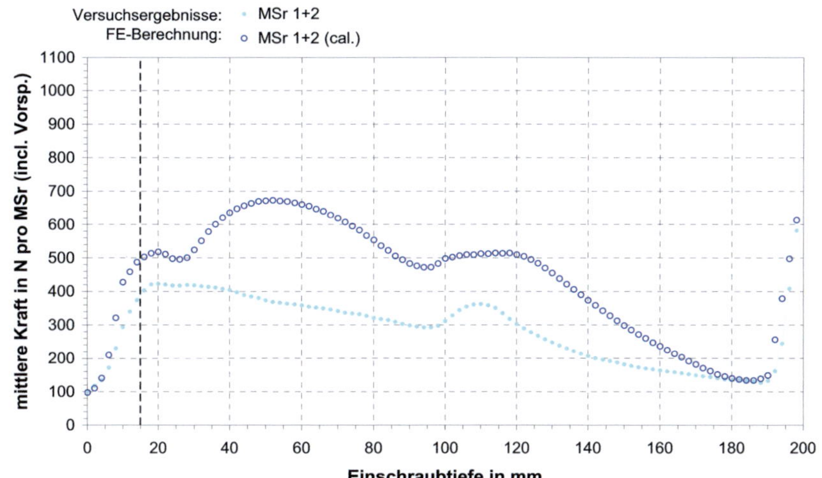

Bild 9-52   Kräfte in den Messschrauben 1 und 2, Vergleich zwischen Werten aus Versuch und Simulation für Versuchsreihe C-1, Berechnung mit für Rissflächenermittlung kalibrierter Ersatzlast

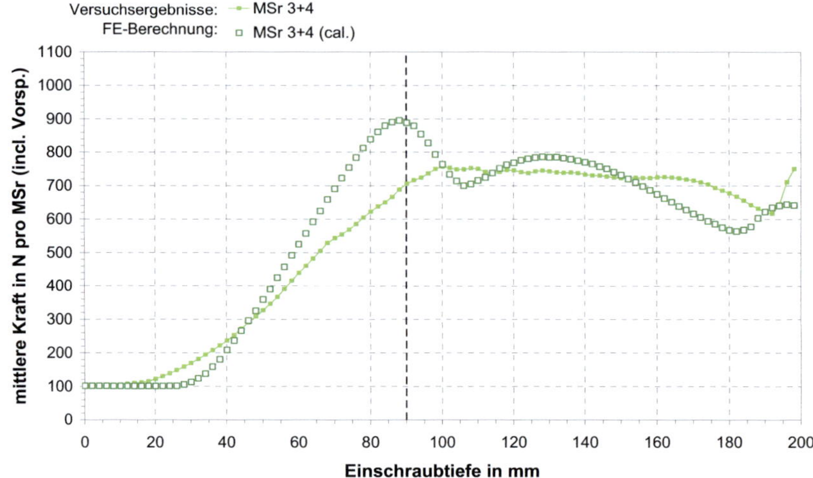

Bild 9-53   Kräfte in den Messschrauben 3 und 4, Vergleich zwischen Werten aus Versuch und Simulation für Versuchsreihe C-1, Berechnung mit für Rissflächenermittlung kalibrierter Ersatzlast

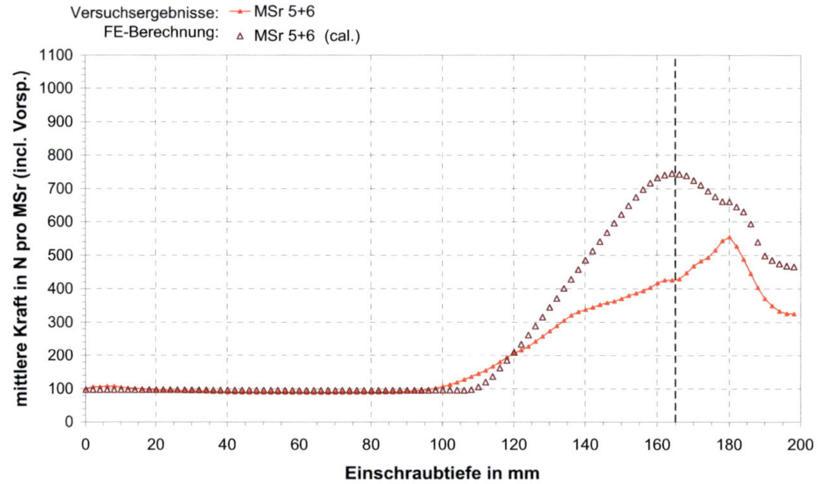

Bild 9-54   Kräfte in den Messschrauben 5 und 6, Vergleich zwischen Werten aus Versuch und Simulation für Versuchsreihe C-1, Berechnung mit für Rissflächenermittlung kalibrierter Ersatzlast

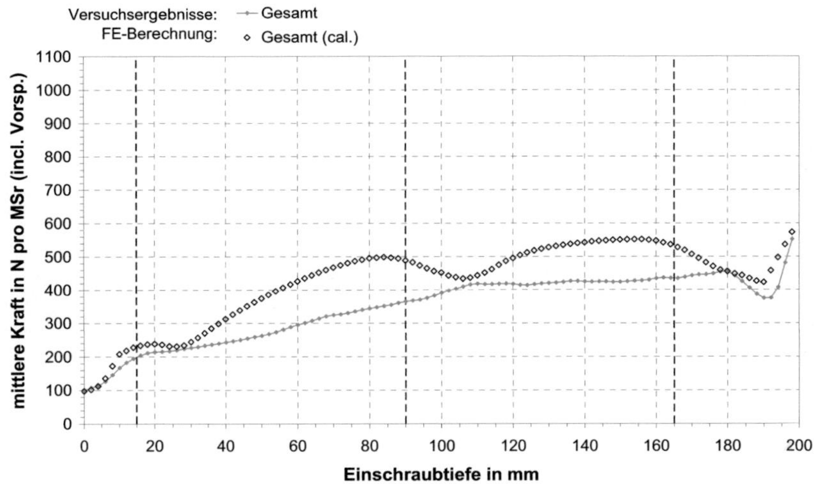

Bild 9-55   Mittlere Gesamtkraft in den Messschrauben 1 bis 6, Vergleich zwischen Werten aus Versuch und Simulation für Versuchsreihe C-1, Berechnung mit für Rissflächenermittlung kalibrierter Ersatzlast

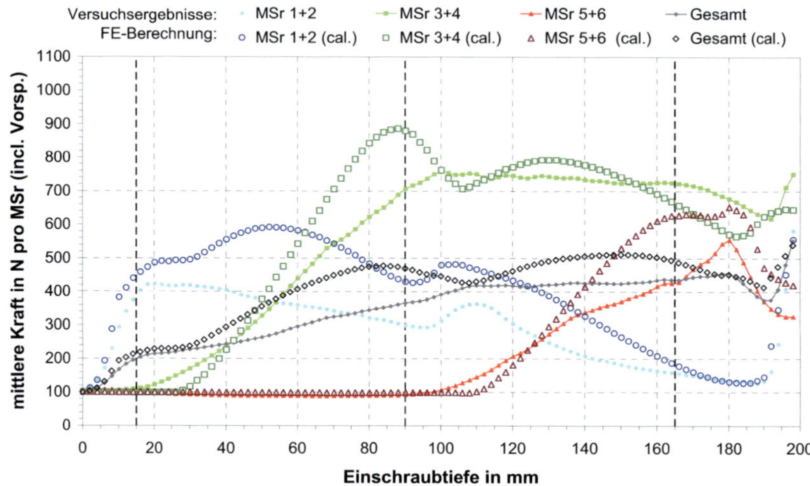

Bild 9-56   Vergleich zwischen Versuchsergebnissen und berechneten Verläufen der Kräfte in den Messschrauben für Versuchsreihe C-1, Berechnung mit $E_R / E_T = 3{,}64 / 1{,}00$, kalibrierte Ersatzlast

9.3   Anhang zu Abschnitt 5.1.2

Tabelle 9-23   Ergebnisse der Parameterstudie an CT-Proben zur Kalibrierung der Federelemente

Probe-Nr.	ρ in kg/m³	$f_{t,90}$ in N/mm²	Δu_{pl} in mm	u_e in mm	u_{gr} in mm	Korrelations-koeffizient R
01b	403	0,740	0,190	0,250	0,0013	0,87
01c	440	1,130	0,022	0,260	0,0021	0,92
02a	396	0,870	0,017	0,180	0,0016	0,95
02b	417	1,020	0,012	0,230	0,0019	0,99
02c	439	1,750	0,024	0,090	0,0032	0,99
03b	393	0,950	0,160	0,180	0,0017	0,88
03c	399	1,050	0,070	0,250	0,0019	0,74
04a	389	0,860	0,067	0,280	0,0016	0,97
04b	419	0,841	0,160	0,180	0,0015	0,94
04c	433	1,100	0,010	0,170	0,0020	0,99
05a	413	0,930	0,025	0,170	0,0017	0,98
05b	432	0,900	0,005	0,220	0,0016	0,97
05c	513	1,300	0,005	0,160	0,0024	0,98
06b	471	1,200	0,025	0,185	0,0022	0,98
07a	398	1,500	0,015	0,185	0,0027	0,98
07b	390	0,730	0,160	0,220	0,0013	0,94
07c	424	0,620	0,190	0,270	0,0011	0,90
08a	418	0,700	0,100	0,270	0,0013	0,94
08b	445	1,050	0,004	0,160	0,0019	0,99
08c	512	1,100	0,002	0,140	0,0020	0,98
09a	429	0,850	0,150	0,270	0,0015	0,86
09b	471	0,950	0,035	0,128	0,0017	0,97
09c	535	1,200	0,012	0,120	0,0022	0,99
10a	395	0,950	0,080	0,160	0,0017	0,97
10b	389	0,750	0,080	0,280	0,0014	0,96
10c	404	0,650	0,040	0,220	0,0012	0,94
11a	422	0,840	0,110	0,240	0,0015	0,97
11b	488	0,400	0,100	0,200	0,0007	0,77
11c	533	1,180	0,060	0,140	0,0021	0,97
12b	433	0,750	0,070	0,195	0,0014	0,98
12c	490	0,800	0,095	0,110	0,0015	0,98
13a	386	0,850	0,183	0,197	0,0015	0,96
13b	403	0,700	0,070	0,130	0,0013	0,99
13c	419	0,930	0,080	0,100	0,0017	0,99
14a	409	1,200	0,060	0,100	0,0022	0,98
14b	442	0,700	0,110	0,200	0,0013	0,91
14c	465	0,670	0,070	0,150	0,0012	0,96
15a	447	0,850	0,300	0,380	0,0015	0,96
15b	467	0,740	0,250	0,270	0,0013	0,98
15c	485	1,440	0,100	0,150	0,0026	0,89
16b	428	0,700	0,165	0,220	0,0013	0,99
16c	453	0,920	0,060	0,110	0,0017	0,99
17a	468	0,870	0,050	0,140	0,0016	0,99
17b	439	0,770	0,200	0,220	0,0014	0,98
18a	394	0,810	0,135	0,150	0,0015	0,98
18b	419	0,900	0,075	0,220	0,0016	0,98
18c	447	0,900	0,075	0,150	0,0016	0,98
Mittelwerte	436	0,928	0,087	0,191	0,0017	
Variations-koeffizient in %	8,96	26,7	80,6	31,7	26,7	

9.4 Anhang zu Abschnitt 5.2

Tabelle 9-24   Winkel γ zwischen Schraubenachse und Jahrringtangente für die Einschraubversuche mit Schrauben des Typs A

Versuch	γ_S in °	γ_K in °	γ_{min} in °	γ_{max} in °	Bemerkung
1.A-01	62	64	0	64	Halbholz
1.A-02	62	61	0	62	Halbholz
1.A-03	57	63	0	63	Halbholz
1.A-06	90	86	0	90	Halbholz
1.A-07	38	36	0	38	Viertelholz
1.A-09	15	86	0	86	Halbholz
1.A-11	83	82	0	83	Halbholz
1.A-12	80	84	0	84	Halbholz
2.A-01	59	57	57	71	
2.A-02	50	57	50	62	
2.A-03	66	36	36	90	Viertelholz
2.A-04	69	82	69	82	
2.A-05	45	20	20	45	
3.A-01	22	58	22	58	Viertelholz
3.A-02	47	70	47	70	
3.A-03	32	43	32	56	
A.1-01	15	5	0	15	
A.1-03	70	75	70	75	
A.1-04	10	15	0	15	
A.2-01	3	9	0	9	
A.2-02	89	85	85	90	
A.2-03	74	70	70	74	
A.2-04	19	7	2	19	
A.3-01	15	20	0	20	
A.3-03	55	35	35	55	

Tabelle 9-25   Winkel γ zwischen Schraubenachse und Jahrringtangente für die Einschraubversuche mit Schrauben des Typs B

Versuch	γ_S in °	γ_K in °	γ_{min} in °	γ_{max} in °	Bemerkung
1.B-01	71	61	0	71	Halbholz
1.B-02	69	65	0	69	Halbholz
1.B-03	70	62	0	70	Halbholz
1.B-04	73	65	0	73	Halbholz
1.B-06	87	84	0	87	Halbholz
1.B-07	56	0	0	56	Viertelholz
1.B-09	11	74	0	74	Halbholz
1.B-10	8	86	0	86	Halbholz
1.B-11	71	84	0	84	Halbholz
2.B-01	30	57	30	57	
2.B-02	56	53	53	56	
2.B-03	59	56	56	59	
2.B-04	67	57	57	67	
2.B-05	76	90	76	90	
3.B-02	18	32	0	32	Viertelholz
3.B-03	37	50	37	50	
B.1-01	25	20	20	25	
B.1-02	0	15	0	15	
B.1-03	85	90	85	90	
B.1-04	90	90	90	90	
B.2-01	30	25	25	30	
B.2-02	5	10	5	10	
B.2-03	80	85	80	85	
B.2-04	80	90	80	90	
B.3.1-01	85	90	85	90	
B.3.1-02	20	20	20	20	
B.3.2-01	90	90	90	90	
B.3.2-02	15	20	15	20	

Tabelle 9-26   Winkel γ zwischen Schraubenachse und Jahrringtangente für die Einschraubversuche mit Schrauben des Typs C

Versuch	γ_S in °	γ_K in °	γ_{min} in °	γ_{max} in °	Bemerkung
1.C-01	59	61	0	61	Halbholz
1.C-02	64	64	0	64	Halbholz
1.C-03	69	67	0	69	Halbholz
1.C-04	63	67	0	67	Halbholz
1.C-06	81	77	0	81	Halbholz
1.C-07	61	84	0	84	Halbholz
1.C-08	65	86	0	86	Halbholz
1.C-09	78	75	0	78	Halbholz
1.C-11	8	76	0	76	Halbholz
1.C-12	6	70	0	70	Halbholz
2.C-01	67	51	51	67	
2.C-02	30	44	30	44	
2.C-03	73	72	68	73	
2.C-04	63	69	63	69	
2.C-05	34	41	34	43	
3.C-01	48	61	48	61	
3.C-02	58	37	37	58	
3.C-03	58	38	38	58	

Tabelle 9-27   Ergebnisse der experimentellen Ermittlung der Rissflächen, Reihe 1.A, $t = 185$ mm, $a_{1,c} = 40$ mm

Versuch	Roh-dichte in kg/m³	max. Risslänge in mm		Rissfläche in mm²			Versuch verwendbar
		$a_{Ri,1,max}$	$a_{Ri,3,max}$	$A_{Ri,1}$	$A_{Ri,3}$	$\Sigma\, A_{Ri}$	
1.A-01	386	24,7	11,8	1463	1188	2651	X
1.A-02	386	11,4	17,1	1084	1555	2639	X
1.A-03	404	29,0	21,9	1265	1297	2563	X
1.A-04	(404)	-	-	-	-	-	-
1.A-05	(421)	-	-	-	-	-	-
1.A-06	421	32,5	28,2	1154	1007	2161	X
1.A-07	451	19,5	21,4	1365	1348	2713	X
1.A-08	(451)	-	-	-	-	-	-
1.A-09	541	39,2	31,3	2797	2172	4968	X
1.A-10	(541)	-	-	-	-	-	-
1.A-11	483	31,0	24,1	1632	1482	3115	X
1.A-12	483	13,2	27,9	1287	1700	2987	X
Mittelwerte	444	25,1	23,0	1506	1469	2975	
Variations-koeffizient in %	12,4	38,9	27,8	36,5	24,3	28,7	

Tabelle 9-28   Abstände e_{050}, e_{085} u. e_{095} aus experimenteller Rissflächenermittlung, Reihe 1.A, t = 185 mm, $a_{1,c}$ = 40 mm

Versuch	Abstände e für $A_{Ri,1}$ in mm			Abstände e für $A_{Ri,3}$ in mm		
	$e_{050,1}$	$e_{085,1}$	$e_{095,1}$	$e_{050,3}$	$e_{085,3}$	$e_{095,3}$
1.A-01	3,96	7,32	9,57	3,21	5,95	7,44
1.A-02	2,94	5,37	6,89	4,22	7,63	9,41
1.A-03	3,44	6,88	10,41	3,66	7,19	9,15
1.A-04	-	-	-	-	-	-
1.A-05	-	-	-	-	-	-
1.A-06	3,18	6,16	8,44	2,76	5,89	15,25
1.A-07	3,72	7,00	9,54	3,65	6,92	10,55
1.A-08	-	-	-	-	-	-
1.A-09	7,99	21,31	33,04	6,16	14,52	25,41
1.A-10	-	-	-	-	-	-
1.A-11	4,48	8,93	15,45	4,03	7,67	9,83
1.A-12	3,52	6,66	8,32	4,62	8,55	11,33
Mittelwerte	4,15	8,70	12,71	4,04	8,04	12,30
Variationskoeffizient in %	39,0	59,7	67,7	25,5	34,5	46,8

Tabelle 9-29   Ergebnisse der experimentellen Ermittlung der Rissflächen, Reihe 1.B, t = 194 mm, $a_{1,c}$ = 40 mm

Versuch	Roh-dichte in kg/m³	max. Risslänge in mm		Rissfläche in mm²			Versuch verwendbar
		$a_{Ri,1,max}$	$a_{Ri,3,max}$	$A_{Ri,1}$	$A_{Ri,3}$	$\Sigma\,A_{Ri}$	
1.B-01	402	19,8	14,3	1861	1462	3323	X
1.B-02	402	19,0	18,9	1898	1526	3424	X
1.B-03	397	18,8	21,1	1746	1730	3476	X
1.B-04	397	21,7	15,8	1811	1491	3302	X
1.B-05	(428)	-	-	-	-	-	-
1.B-06	428	15,6	13,6	1260	1294	2554	X
1.B-07	446	13,0	12,2	1491	1269	2759	X
1.B-08	(446)	-	-	-	-	-	-
1.B-09	535	25,2	20,7	1447	1628	3074	X
1.B-10	535	20,6	20,7	1647	922	2570	X
1.B-11	479	20,0	16,9	1852	1275	3127	X
1.B-12	(479)	-	-	-	-	-	-
Mittelwerte	447	19,3	17,1	1668	1400	3068	
Variations-koeffizient in %	12,7	18,0	19,7	13,4	17,1	11,7	

Tabelle 9-30   Abstände e_{050}, e_{085} u. e_{095} aus experimenteller Rissflächenermittlung, Reihe 1.B, t = 194 mm, $a_{1,c}$ = 40 mm

Versuch	Abstände e für $A_{Ri,1}$ in mm			Abstände e für $A_{Ri,3}$ in mm		
	$e_{050,1}$	$e_{085,1}$	$e_{095,1}$	$e_{050,3}$	$e_{085,3}$	$e_{095,3}$
1.B-01	4,82	8,57	10,56	3,83	6,90	8,58
1.B-02	4,92	8,84	11,03	4,00	7,52	9,66
1.B-03	4,54	8,30	10,38	4,50	8,33	10,87
1.B-04	4,70	8,86	12,65	3,95	7,53	9,88
1.B-05	-	-	-	-	-	-
1.B-06	3,29	6,02	7,71	3,37	6,21	7,90
1.B-07	3,88	7,01	8,49	3,32	6,19	7,90
1.B-08	-	-	-	-	-	-
1.B-09	3,84	7,60	11,16	4,27	8,54	10,72
1.B-10	4,30	7,97	10,40	2,56	6,01	10,09
1.B-11	4,81	9,00	11,42	3,34	6,82	9,18
1.B-12	-	-	-	-	-	-
Mittelwerte	4,34	8,02	10,42	3,68	7,12	9,42
Variationskoeffizient in %	12,9	12,3	14,4	16,0	13,1	11,8

Tabelle 9-31   Ergebnisse der experimentellen Ermittlung der Rissflächen, Reihe 1.C, t = 195 mm, $a_{1,c}$ = 40 mm

Versuch	Roh-dichte in kg/m³	max. Risslänge in mm		Rissfläche in mm²			Versuch verwendbar
		$a_{Ri,1,max}$	$a_{Ri,3,max}$	$A_{Ri,1}$	$A_{Ri,3}$	ΣA_{Ri}	
1.C-01	403	19,4	21,1	1755	1806	3561	X
1.C-02	403	22,7	25,1	1890	1931	3820	X
1.C-03	398	19,7	25,8	1994	2272	4266	X
1.C-04	398	27,2	21,8	2105	1995	4100	X
1.C-05	(422)	-	-	-	-	-	-
1.C-06	422	18,9	22,4	1538	1021	2560	X
1.C-07	441	18,1	24,8	1203	1389	2593	X
1.C-08	441	15,5	18,2	1286	1287	2573	X
1.C-09	485	31,2	23,1	2260	2161	4421	X
1.C-10	(485)	-	-	-	-	-	-
1.C-11	525	30,2	27,5	2521	2426	4947	X
1.C-12	525	40,1	30,6	2398	2764	5162	X
Mittelwerte	444	24,3	24,0	1895	1905	3800	
Variations-koeffizient in %	11,4	31,7	14,6	23,8	28,5	25,5	

Tabelle 9-32 Abstände e_{050}, e_{085} u. e_{095} aus experimenteller Rissflächenermittlung, Reihe 1.C, t = 195 mm, $a_{1,c}$ = 40 mm

Versuch	Abstände e für $A_{Ri,1}$ in mm			Abstände e für $A_{Ri,3}$ in mm		
	$e_{050,1}$	$e_{085,1}$	$e_{095,1}$	$e_{050,3}$	$e_{085,3}$	$e_{095,3}$
1.C-01	4,58	8,59	11,30	4,74	9,02	11,46
1.C-02	4,93	9,46	12,24	5,05	9,57	12,89
1.C-03	5,21	9,76	12,35	5,94	10,98	13,92
1.C-04	5,52	10,86	14,73	5,19	9,87	13,01
1.C-05	-	-	-	-	-	-
1.C-06	3,97	7,49	9,96	2,68	5,24	7,61
1.C-07	3,11	6,14	8,59	3,61	7,25	10,26
1.C-08	3,33	6,15	8,07	3,34	6,56	9,59
1.C-09	6,03	11,60	14,88	5,75	12,05	15,86
1.C-10	-	-	-	-	-	-
1.C-11	6,89	13,67	18,37	6,45	12,65	16,79
1.C-12	7,01	21,85	32,97	7,70	16,39	24,24
Mittelwerte	5,06	10,56	14,35	5,05	9,96	13,56
Variationskoeffizient in %	26,9	43,8	50,5	30,3	32,8	34,5

Tabelle 9-33   Ergebnisse der experimentellen Ermittlung der Rissflächen,
Reihe 2.A, t =80 mm, $a_{1,c}$ = 56 mm

Versuch	Roh-dichte in kg/m³	max. Risslänge in mm		Rissfläche in mm²			Versuch verwendbar
		$a_{Ri,1,max}$	$a_{Ri,3,max}$	$A_{Ri,1}$	$A_{Ri,3}$	$\Sigma\,A_{Ri}$	
2.A-01	456	29,2	17,8	1034	657	1690	X
2.A-02	455	21,5	21,2	840	727	1567	X
2.A-03	497	25,6	20,1	902	722	1624	X
2.A-04	476	24,6	25,2	790	888	1679	X
2.A-05	446	15,3	22,5	548	561	1109	X
Mittelwerte	466	23,2	21,4	823	711	1534	
Variations-koeffizient in %	4,40	22,5	12,9	21,7	16,8	15,8	

Tabelle 9-34   Abstände e_{050}, e_{085} u. e_{095} aus experimenteller Rissflächenermittlung,
Reihe 2.A, t =80 mm, $a_{1,c}$ = 56 mm

Versuch	Abstände e für $A_{Ri,1}$ in mm			Abstände e für $A_{Ri,3}$ in mm		
	$e_{050,1}$	$e_{085,1}$	$e_{095,1}$	$e_{050,3}$	$e_{085,3}$	$e_{095,3}$
2.A-01	6,64	12,05	16,87	4,49	9,17	11,64
2.A-02	5,43	11,51	15,63	4,70	9,00	11,47
2.A-03	6,06	12,73	16,68	4,68	9,36	12,38
2.A-04	5,08	12,77	18,73	5,64	11,40	16,33
2.A-05	3,49	6,79	9,42	3,63	8,24	12,67
Mittelwerte	5,34	11,17	15,47	4,63	9,43	12,90
Variationskoeffizient in %	22,3	22,4	23,0	15,6	12,5	15,3

Tabelle 9-35   Ergebnisse der experimentellen Ermittlung der Rissflächen, Reihe 2.B, t = 40 mm, $a_{1,c}$ = 56 mm

Versuch	Roh-dichte in kg/m³	max. Risslänge in mm		Rissfläche in mm²			Versuch verwendbar
		$a_{Ri,1,max}$	$a_{Ri,3,max}$	$A_{Ri,1}$	$A_{Ri,3}$	ΣA_{Ri}	
2.B-01	509	16,3	22,9	359	313	673	X
2.B-02	484	16,0	13,4	332	265	597	X
2.B-03	447	21,7	29,7	378	365	742	X
2.B-04	448	18,9	16,9	262	285	547	X
2.B-05	484	21,1	19,6	292	359	652	X
Mittelwerte	474	18,8	20,5	325	317	642	
Variations-koeffizient in %	5,61	14,0	30,3	14,6	13,9	11,6	

Tabelle 9-36   Abstände e_{050}, e_{085} u. e_{095} aus experimenteller Rissflächenermittlung, Reihe 2.B, t = 40 mm, $a_{1,c}$ = 56 mm

Versuch	Abstände e für $A_{Ri,1}$ in mm			Abstände e für $A_{Ri,3}$ in mm		
	$e_{050,1}$	$e_{085,1}$	$e_{095,1}$	$e_{050,3}$	$e_{085,3}$	$e_{095,3}$
2.B-01	4,67	8,66	11,88	4,52	12,41	17,68
2.B-02	4,29	8,04	10,99	3,45	6,60	9,32
2.B-03	4,94	9,37	12,18	4,77	9,41	13,10
2.B-04	3,71	7,37	9,88	3,98	8,09	10,89
2.B-05	4,08	9,36	12,89	5,04	10,95	14,29
Mittelwerte	4,34	8,56	11,56	4,35	9,49	13,06
Variationskoeffizient in %	11,1	10,0	10,0	14,7	24,1	24,7

Tabelle 9-37   Ergebnisse der experimentellen Ermittlung der Rissflächen, Reihe 2.C, $t = 64$ mm, $a_{1,c} = 56$ mm

Versuch	Roh-dichte in kg/m³	max. Risslänge in mm		Rissfläche in mm²			Versuch verwendbar
		$a_{Ri,1,max}$	$a_{Ri,3,max}$	$A_{Ri,1}$	$A_{Ri,3}$	ΣA_{Ri}	
2.C-01	458	28,5	21,3	719	539	1258	X
2.C-02	505	29,4	24,3	781	1056	1837	X
2.C-03	495	26,7	25,9	741	601	1343	X
2.C-04	481	27,0	25,5	770	670	1440	X
2.C-05	496	26,6	32,5	1036	781	1817	X
Mittelwerte	487	27,6	25,9	809	729	1539	
Variations-koeffizient in %	3,77	4,53	15,9	15,9	27,9	17,6	

Tabelle 9-38   Abstände e_{050}, e_{085} u. e_{095} aus experimenteller Rissflächenermittlung, Reihe 2.C, $t = 64$ mm, $a_{1,c} = 56$ mm

Versuch	Abstände e für $A_{Ri,1}$ in mm			Abstände e für $A_{Ri,3}$ in mm		
	$e_{050,1}$	$e_{085,1}$	$e_{095,1}$	$e_{050,3}$	$e_{085,3}$	$e_{095,3}$
2.C-01	5,85	11,80	16,12	4,53	11,84	15,54
2.C-02	6,84	17,44	24,72	8,63	16,09	20,74
2.C-03	6,02	12,82	18,19	4,87	10,32	14,99
2.C-04	6,49	13,61	17,45	5,53	12,72	17,08
2.C-05	8,62	16,87	22,60	7,03	19,84	27,13
Mittelwerte	6,76	14,51	19,82	6,12	14,16	19,10
Variationskoeffizient in %	16,4	17,3	18,5	27,8	26,9	26,3

Tabelle 9-39 Ergebnisse der experimentellen Ermittlung der Rissflächen, Reihe 3.A, t = 100 mm, $a_{1,c}$ = 56 mm

Versuch	Roh-dichte in kg/m³	max. Risslänge in mm		Rissfläche in mm²			Versuch verwendbar
		$a_{Ri,1,max}$	$a_{Ri,3,max}$	$A_{Ri,1}$	$A_{Ri,3}$	ΣA_{Ri}	
3.A-01	487	17,7	20,9	585	1070	1655	X
3.A-02	452	19,4	32,7	687	990	1677	X
3.A-03	465	17,6	14,3	716	738	1454	X
Mittelwerte	468	18,2	22,6	663	933	1595	
Variations-koeffizient in %	3,78	5,55	41,2	10,4	18,6	7,7	

Tabelle 9-40 Abstände e_{050}, e_{085} u. e_{095} aus experimenteller Rissflächenermittlung, Reihe 3.A, t = 100 mm, $a_{1,c}$ = 56 mm

Versuch	Abstände e für $A_{Ri,1}$ in mm			Abstände e für $A_{Ri,3}$ in mm		
	$e_{050,1}$	$e_{085,1}$	$e_{095,1}$	$e_{050,3}$	$e_{085,3}$	$e_{095,3}$
3.A-01	3,43	8,76	13,72	5,55	10,79	13,86
3.A-02	3,54	6,53	9,02	5,30	12,22	19,83
3.A-03	3,70	6,98	9,24	3,79	7,31	9,54
Mittelwerte	3,56	7,42	10,66	4,88	10,11	14,41
Variationskoeffizient in %	3,90	15,9	24,9	19,5	25,0	35,9

Tabelle 9-41   Ergebnisse der experimentellen Ermittlung der Rissflächen, Reihe 3.B, t = 100 mm, $a_{1,c}$ = 56 mm

Versuch	Roh-dichte in kg/m³	max. Risslänge in mm		Rissfläche in mm²			Versuch verwendbar
		$a_{Ri,1,max}$	$a_{Ri,3,max}$	$A_{Ri,1}$	$A_{Ri,3}$	$\Sigma\, A_{Ri}$	
3.B-01	(459)	-	-	-	-	-	-
3.B-02	486	18,0	22,5	598	731	1330	X
3.B-03	492	17,0	16,6	796	713	1509	X

Tabelle 9-42   Abstände e_{050}, e_{085} u. e_{095} aus experimenteller Rissflächenermittlung, Reihe 3.B, t = 100 mm, $a_{1,c}$ = 56 mm

Versuch	Abstände e für $A_{Ri,1}$ in mm			Abstände e für $A_{Ri,3}$ in mm		
	$e_{050,1}$	$e_{085,1}$	$e_{095,1}$	$e_{050,3}$	$e_{085,3}$	$e_{095,3}$
3.B-01	-	-	-	-	-	-
3.B-02	3,05	5,80	7,64	3,73	7,89	13,86
3.B-03	4,13	7,78	9,49	3,72	8,25	11,21

Tabelle 9-43   Ergebnisse der experimentellen Ermittlung der Rissflächen, Reihe 3.C, t = 100 mm, $a_{1,c}$ = 56 mm

Versuch	Roh-dichte in kg/m³	max. Risslänge in mm		Rissfläche in mm²			Versuch verwendbar
		$a_{Ri,1,max}$	$a_{Ri,3,max}$	$A_{Ri,1}$	$A_{Ri,3}$	$\Sigma\,A_{Ri}$	
3.C-01	473	28,3	28,8	638	948	1586	X
3.C-02	498	29,6	29,4	1314	629	1943	X
3.C-03	450	26,1	27,8	1055	1112	2167	X
Mittelwerte	474	28,0	28,7	1002	896	1899	
Variations-koeffizient in %	5,07	6,32	2,82	34,0	27,4	15,4	

Tabelle 9-44   Abstände e_{050}, e_{085} u. e_{095} aus experimenteller Rissflächenermittlung, Reihe 3.C, t = 100 mm, $a_{1,c}$ = 56 mm

Versuch	Abstände e für $A_{Ri,1}$ in mm			Abstände e für $A_{Ri,3}$ in mm		
	$e_{050,1}$	$e_{085,1}$	$e_{095,1}$	$e_{050,3}$	$e_{085,3}$	$e_{095,3}$
3.C-01	3,27	7,93	15,70	5,08	12,31	18,70
3.C-02	6,90	14,40	21,74	3,40	12,02	23,49
3.C-03	5,50	13,11	18,15	5,80	11,56	16,61
Mittelwerte	5,22	11,81	18,53	4,76	11,96	19,60
Variationskoeffizient in %	35,1	29,0	16,4	25,8	3,2	18,0

Tabelle 9-45   Ergebnisse der experimentellen Ermittlung der Rissflächen, Reihe A.1, $t = 40$ mm, $a_{1,c} = 40$ mm

Versuch	Roh-dichte in kg/m³	max. Risslänge in mm		Rissfläche in mm²			Versuch verwendbar
		$a_{Ri,1,max}$	$a_{Ri,3,max}$	$A_{Ri,1}$	$A_{Ri,3}$	$\Sigma\ A_{Ri}$	
A.1-01	468	41,4	46,7	665	579	1243	X
A.1-02	(485)	-	-	-	-	-	-
A.1-03	459	41,0	40,2	1014	823	1837	X
A.1-04	517	41,7	39,3	737	1040	1777	X
Mittelwerte	481	41,4	42,1	805	814	1619	
Variations-koeffizient in %	6,48	0,85	9,60	22,9	28,4	20,2	

Tabelle 9-46   Abstände e_{050}, e_{085} u. e_{095} aus experimenteller Rissflächenermittlung, Reihe A.1, $t = 40$ mm, $a_{1,c} = 40$ mm

Versuch	Abstände e für $A_{Ri,1}$ in mm			Abstände e für $A_{Ri,3}$ in mm		
	$e_{050,1}$	$e_{085,1}$	$e_{095,1}$	$e_{050,3}$	$e_{085,3}$	$e_{095,3}$
A.1-01	9,38	30,42	37,77	7,42	22,08	35,02
A.1-02	-	-	-	-	-	-
A.1-03	14,55	30,59	36,57	11,16	26,41	34,52
A.1-04	10,74	33,37	39,01	13,23	25,52	34,29
Mittelwerte	11,56	31,46	37,78	10,60	24,67	34,61
Variationskoeffizient in %	23,2	5,3	3,2	27,7	9,3	1,1

Tabelle 9-47 Ergebnisse der experimentellen Ermittlung der Rissflächen, Reihe A.2, t = 40 mm, $a_{1,c}$ = 56 mm

Versuch	Roh-dichte in kg/m³	max. Risslänge in mm		Rissfläche in mm²			Versuch verwendbar
		$a_{Ri,1,max}$	$a_{Ri,3,max}$	$A_{Ri,1}$	$A_{Ri,3}$	ΣA_{Ri}	
A.2-01	470	37,7	41,1	353	656	1008	X
A.2-02	474	37,2	26,1	589	498	1086	X
A.2-03	455	31,2	35,5	662	817	1480	X
A.2-04	517	56,6	88,6	1616	1843	3460	X
Mittelwerte	479	40,7	47,8	805	954	1759	
Variations-koeffizient in %	5,56	27,1	58,3	69,1	63,6	65,5	

Tabelle 9-48 Abstände e_{050}, e_{085} u. e_{095} aus experimenteller Rissflächenermittlung, Reihe A.2, t = 40 mm, $a_{1,c}$ = 56 mm

Versuch	Abstände e für $A_{Ri,1}$ in mm			Abstände e für $A_{Ri,3}$ in mm		
	$e_{050,1}$	$e_{085,1}$	$e_{095,1}$	$e_{050,3}$	$e_{085,3}$	$e_{095,3}$
A.2-01	4,52	8,66	20,38	8,76	23,84	32,55
A.2-02	7,64	17,60	27,33	6,26	11,76	16,23
A.2-03	5,31	14,09	19,83	9,29	20,09	26,49
A.2-04	21,83	44,93	52,55	7,35	38,29	55,25
Mittelwerte	9,83	21,32	30,02	7,92	23,50	32,63
Variationskoeffizient in %	82,5	75,8	51,3	17,3	47,1	50,6

Tabelle 9-49   Ergebnisse der experimentellen Ermittlung der Rissflächen, Reihe A.3, $t = 80$ mm, $a_{1,c} = 40$ mm

Versuch	Roh-dichte in kg/m³	max. Risslänge in mm		Rissfläche in mm²			Versuch verwendbar
		$a_{Ri,1,max}$	$a_{Ri,3,max}$	$A_{Ri,1}$	$A_{Ri,3}$	$\Sigma\,A_{Ri}$	
A.3-01	436	18,9	17,9	702	760	1462	X
A.3-02	(431)	-	-	-	-	-	-
A.3-03	416	28,4	20,1	700	811	1511	X

Tabelle 9-50   Abstände e_{050}, e_{085} u. e_{095} aus experimenteller Rissflächenermittlung, Reihe A.3, $t = 80$ mm, $a_{1,c} = 40$ mm

Versuch	Abstände e für $A_{Ri,1}$ in mm			Abstände e für $A_{Ri,3}$ in mm		
	$e_{050,1}$	$e_{085,1}$	$e_{095,1}$	$e_{050,3}$	$e_{085,3}$	$e_{095,3}$
A.3-01	4,49	8,23	10,42	4,87	9,32	11,94
A.3-02	-	-	-	-	-	-
A.3-03	4,54	8,87	16,28	5,18	9,36	12,50

Tabelle 9-51   Ergebnisse der experimentellen Ermittlung der Rissflächen, Reihe B.1, t = 24 mm, $a_{1,c}$ = 40 mm

Versuch	Roh-dichte in kg/m³	max. Risslänge in mm		Rissfläche in mm²			Versuch verwendbar
		$a_{Ri,1,max}$	$a_{Ri,3,max}$	$A_{Ri,1}$	$A_{Ri,3}$	$\Sigma\,A_{Ri}$	
B.1-01	462	19,2	17,6	202	205	408	X
B.1-02	496	21,0	20,2	347	333	680	X
B.1-03	502	23,1	23,2	293	243	536	X
B.1-04	482	17,0	18,1	187	152	339	X
Mittelwerte	486	20,1	19,8	257	233	491	
Variations-koeffizient in %	3,66	12,9	12,9	29,5	32,5	30,6	

Tabelle 9-52   Abstände e_{050}, e_{085} u. e_{095} aus experimenteller Rissflächenermittlung, Reihe B.1, t = 24 mm, $a_{1,c}$ = 40 mm

Versuch	Abstände e für $A_{Ri,1}$ in mm			Abstände e für $A_{Ri,3}$ in mm		
	$e_{050,1}$	$e_{085,1}$	$e_{095,1}$	$e_{050,3}$	$e_{085,3}$	$e_{095,3}$
B.1-01	4,23	8,27	10,44	4,52	8,87	10,84
B.1-02	7,29	13,38	16,95	7,00	12,43	15,68
B.1-03	6,41	13,27	17,45	5,74	11,78	16,74
B.1-04	4,08	7,81	10,31	3,17	6,82	8,60
Mittelwerte	5,50	10,68	13,79	5,11	9,98	12,97
Variationskoeffizient in %	29,1	28,7	28,6	32,1	26,2	29,9

Tabelle 9-53   Ergebnisse der experimentellen Ermittlung der Rissflächen, Reihe B.2, t = 24 mm, $a_{1,c}$ = 32 mm

Versuch	Roh-dichte in kg/m³	max. Risslänge in mm		Rissfläche in mm²			Versuch verwendbar
		$a_{Ri,1,max}$	$a_{Ri,3,max}$	$A_{Ri,1}$	$A_{Ri,3}$	ΣA_{Ri}	
B.2-01	469	17,8	19,9	270	272	542	X
B.2-02	510	26,7	20,8	477	292	769	X
B.2-03	513	24,2	28,0	367	454	820	X
B.2-04	484	18,8	17,8	275	183	458	X
Mittelwerte	494	21,9	21,6	347	300	647	
Variations-koeffizient in %	4,28	19,5	20,5	28,0	37,6	27,0	

Tabelle 9-54   Abstände e_{050}, e_{085} u. e_{095} aus experimenteller Rissflächenermittlung, Reihe B.2, t = 24 mm, $a_{1,c}$ = 32 mm

Versuch	Abstände e für $A_{Ri,1}$ in mm			Abstände e für $A_{Ri,3}$ in mm		
	$e_{050,1}$	$e_{085,1}$	$e_{095,1}$	$e_{050,3}$	$e_{085,3}$	$e_{095,3}$
B.2-01	5,64	10,88	13,63	5,74	11,23	15,08
B.2-02	10,03	18,30	22,05	6,12	12,76	17,35
B.2-03	8,24	16,05	19,40	9,58	18,32	22,09
B.2-04	5,87	10,93	13,49	4,01	7,71	10,26
Mittelwerte	7,45	14,04	17,14	6,36	12,51	16,20
Variationskoeffizient in %	28,1	26,6	25,0	36,6	35,3	30,4

Tabelle 9-55   Ergebnisse der experimentellen Ermittlung der Rissflächen, Reihe B.3.1, $t = 40$ mm, $a_{1,c} = 32$ mm

Versuch	Roh-dichte in kg/m³	max. Risslänge in mm		Rissfläche in mm²			Versuch verwendbar
		$a_{Ri,1,max}$	$a_{Ri,3,max}$	$A_{Ri,1}$	$A_{Ri,3}$	$\Sigma\,A_{Ri}$	
B.3.1-01	513	23,4	21,4	380	340	721	X
B.3.1-02	526	21,1	20,3	366	455	821	X

Tabelle 9-56   Abstände e_{050}, e_{085} u. e_{095} aus experimenteller Rissflächenermittlung, Reihe B.3.1, $t = 40$ mm, $a_{1,c} = 32$ mm

Versuch	Abstände e für $A_{Ri,1}$ in mm			Abstände e für $A_{Ri,3}$ in mm		
	$e_{050,1}$	$e_{085,1}$	$e_{095,1}$	$e_{050,3}$	$e_{085,3}$	$e_{095,3}$
B.3.1-01	4,86	12,24	17,50	4,25	10,50	14,46
B.3.1-02	4,91	11,12	15,04	6,01	12,87	16,35

Tabelle 9-57   Ergebnisse der experimentellen Ermittlung der Rissflächen, Reihe B.3.2, $t = 40$ mm, $a_{1,c} = 40$ mm

Versuch	Roh-dichte in kg/m³	max. Risslänge in mm		Rissfläche in mm²			Versuch verwendbar
		$a_{Ri,1,max}$	$a_{Ri,3,max}$	$A_{Ri,1}$	$A_{Ri,3}$	$\Sigma\,A_{Ri}$	
B.3.2-01	518	26,2	17,0	393	319	712	X
B.3.2-02	516	29,2	28,1	551	363	915	X

Tabelle 9-58   Abstände e_{050}, e_{085} u. e_{095} aus experimenteller Rissflächenermittlung, Reihe B.3.2, $t = 40$ mm, $a_{1,c} = 40$ mm

Versuch	Abstände e für $A_{Ri,1}$ in mm			Abstände e für $A_{Ri,3}$ in mm		
	$e_{050,1}$	$e_{085,1}$	$e_{095,1}$	$e_{050,3}$	$e_{085,3}$	$e_{095,3}$
B.3.2-01	5,12	12,53	18,77	4,06	8,45	10,92
B.3.2-02	8,92	20,62	24,93	4,87	12,67	22,17

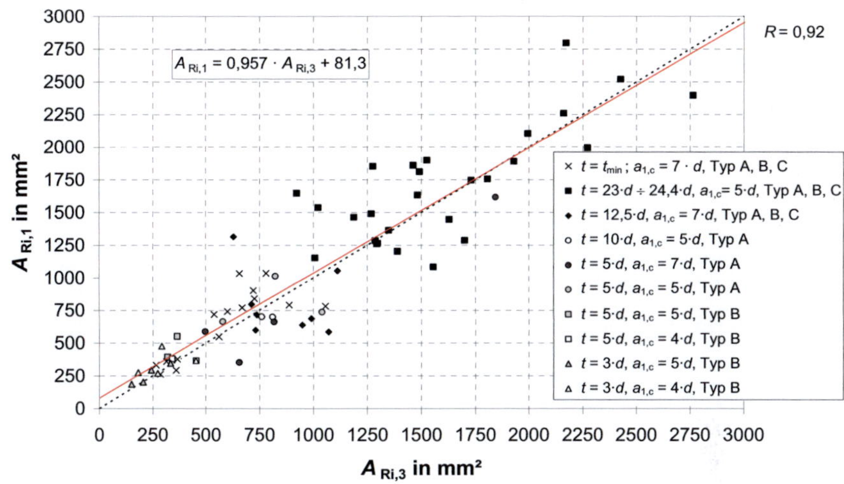

Bild 9-57   Vergleich der experimentell ermittelten Rissflächen $A_{Ri,1}$ und $A_{Ri,3}$ für die verschiedenen Versuchsreihen

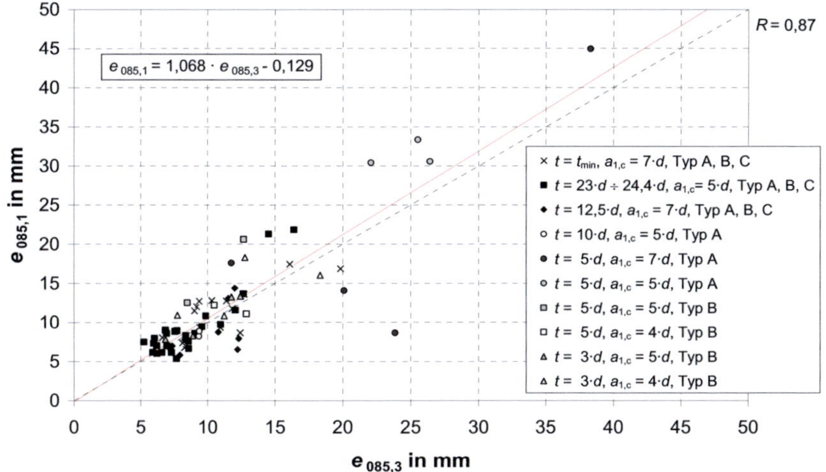

Bild 9-58   Vergleich der Abstände $e_{085,1}$ und $e_{085,3}$ für die verschiedenen Versuchsreihen

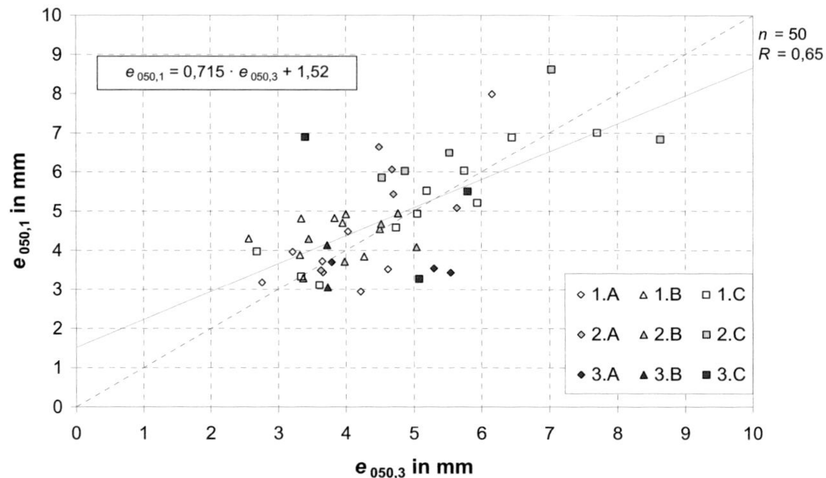

Bild 9-59   Vergleich zwischen den Abständen $e_{050,1}$ und $e_{050,3}$ für Reihe 1.A bis 3.C

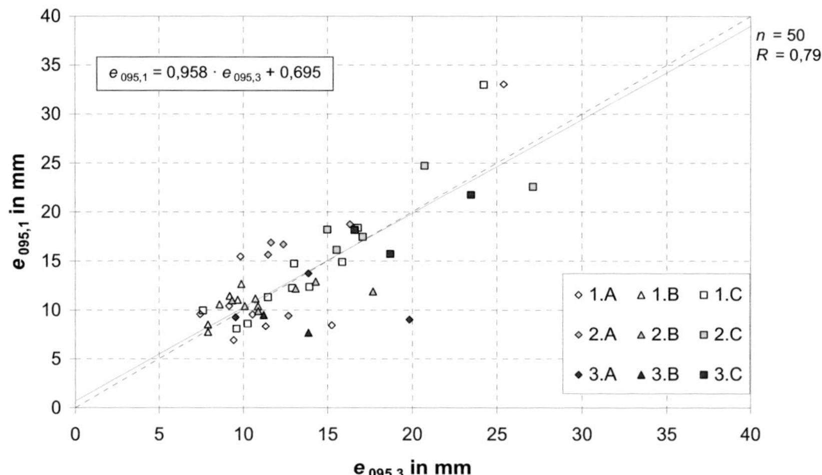

Bild 9-60   Vergleich zwischen den Abständen $e_{095,1}$ und $e_{095,3}$ für Reihe 1.A bis 3.C

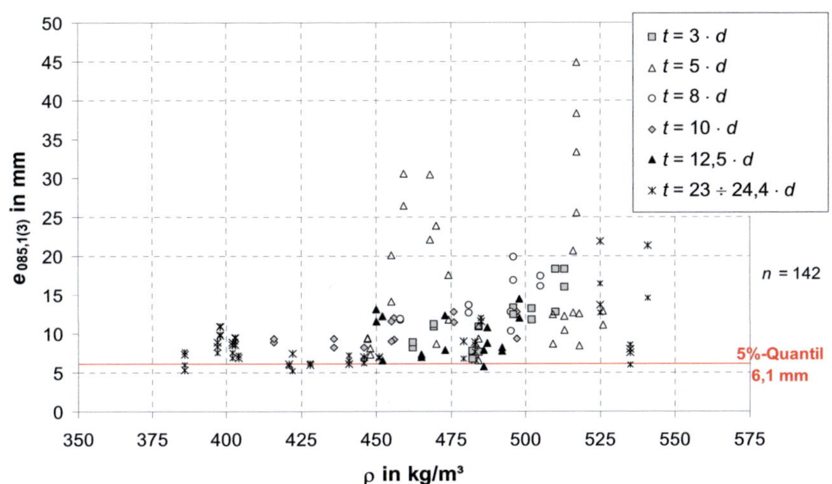

Bild 9-61   Abstände $e_{085,1}$ und $e_{085,3}$ in Abhängigkeit von der Rohdichte für alle
                   Versuche

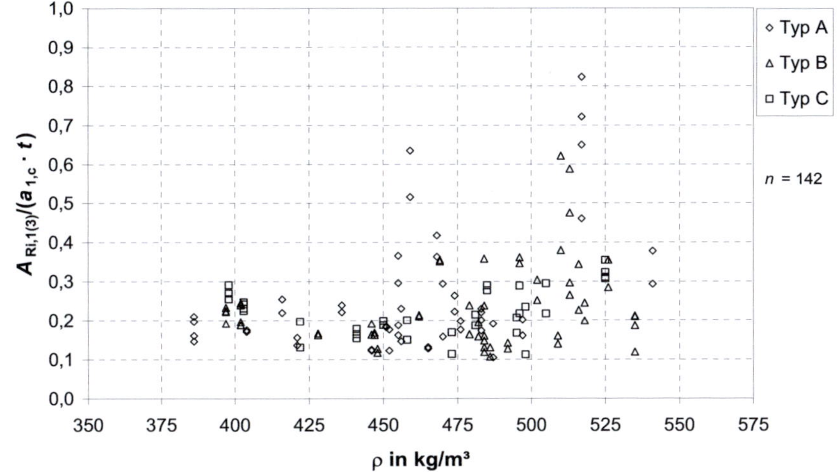

Bild 9-62   Normierte Rissfläche in Abhängigkeit von der Rohdichte,
                   Normierung über die potentielle Rissfläche

9.5 Anhang zu Abschnitt 5.3

Tabelle 9-59 Ergebnisse der numerischen Rissflächenermittlung für Schraubentyp A, Reihe 1.A

Reihe	max. Risslängen in mm		Abstände e_{085} in mm		Rissflächen in mm²		Verhältnisse Simulation zu Versuchsergebnissen			
	$a_{Ri,1,max}$	$a_{Ri,3,max}$	$e_{085,1}$	$e_{085,3}$	$A_{Ri,1}$	$A_{Ri,3}$	$\dfrac{\Sigma a_{Ri,max}}{\Sigma a_{Ri,max,test}}$	$\dfrac{e_{085,1}}{e_{085,1,test}}$	$\dfrac{e_{085,3}}{e_{085,3,test}}$	$\dfrac{\Sigma A_{Ri}}{\Sigma A_{Ri,test}}$
1.A-01	40	88	32,8	55,5	3503	4050	3,51	4,47	9,32	2,85
1.A-02	40	88	32,8	55,5	3503	4050	4,50	6,09	7,27	2,86
1.A-03**	*	*	*	*	*	*	*	*	*	*
1.A-06**	8**	8**	5,2**	5,2**	1120**	1118**	0,26**	0,84**	0,88**	1,04**
1.A-07**	*	*	*	*	*	*	*	*	*	*
1.A-09**	*	*	*	*	*	*	*	*	*	*
1.A-11**	14**	14**	6,8**	6,7**	1485**	1465**	0,51**	0,76**	0,88**	0,95**
1.A-12**	14**	14**	6,8**	6,7**	1485**	1465**	0,68**	1,02**	0,79**	0,99**

* FE-Berechnung ergibt Versagen durch teilweises Aufspalten, Rissfläche bisher nicht mit FE-Modell ermittelbar.

** Rissberechnung nicht für alle Lastschritte (Versenken des Kopfes) möglich. FE-Berechnung ergibt teilweises Aufspalten.

Tabelle 9-60   Ergebnisse der numerischen Rissflächenermittlung für Schrauben-typ B, Reihe 1.B

Reihe	max. Risslängen in mm		Abstände e_{085} in mm		Rissflächen in mm²		Verhältnisse Simulation zu Versuchsergebnissen			
	$a_{Ri,1,max}$	$a_{Ri,3,max}$	$e_{085,1}$	$e_{085,3}$	$A_{Ri,1}$	$A_{Ri,3}$	$\dfrac{\Sigma a_{Ri,max}}{\Sigma a_{Ri,max,test}}$	$\dfrac{e_{085,1}}{e_{085,1,test}}$	$\dfrac{e_{085,3}}{e_{085,3,test}}$	$\dfrac{\Sigma A_{Ri}}{\Sigma A_{Ri,test}}$
1.B-01	10,0	10,0	3,4	3,4	765	760	0,59	0,40	0,49	0,46
1.B-02	10,0	10,0	3,4	3,4	765	760	0,53	0,39	0,45	0,45
1.B-03	10,0	8,0	3,4	3,4	760	755	0,45	0,41	0,41	0,44
1.B-04	10,0	8,0	3,4	3,4	760	755	0,48	0,38	0,45	0,46
1.B-06	12,0	12,0	3,8	3,8	877,5	877,5	0,82	0,64	0,62	0,69
1.B-07	14,0	12,0	4,3	4,3	967,5	962,5	1,03	0,61	0,69	0,70
1.B-09**	(14,0)**	(14,0)**	(6,9)**	(6,8)**	(1580)**	(1555)**	(0,61)**	(0,91)**	(0,79)**	(1,02)**
1.B-10**	(14,0)**	(14,0)**	(6,9)**	(6,8)**	(1580)**	(1555)**	(0,68)**	(0,87)**	(1,13)**	(1,22)**
1.B-11	18,0	16,0	5,2	5,2	1185	1180	0,92	0,58	0,76	0,76
Mittelwerte	12,0	10,9	3,9	3,8	869	864	0,69	0,49	0,55	0,56
Variations-koeffizient in %	25,5	25,7	17,7	17,8	18,5	18,6	33,8	23,6	24,7	25,4

**   Rissberechnung nicht für alle Lastschritte (Versenken des Kopfes) möglich.

Tabelle 9-61 Ergebnisse der numerischen Rissflächenermittlung für Schrauben-typ C, Reihe 1.C

Reihe	max. Risslängen in mm		Abstände e_{085} in mm		Rissflächen in mm²		Verhältnisse Simulation zu Versuchsergebnissen			
	$a_{Ri,1,max}$	$a_{Ri,3,max}$	$e_{085,1}$	$e_{085,3}$	$A_{Ri,1}$	$A_{Ri,3}$	$\dfrac{\Sigma a_{Ri,max}}{\Sigma a_{Ri,max,test}}$	$\dfrac{e_{085,1}}{e_{085,1,test}}$	$\dfrac{e_{085,3}}{e_{085,3,test}}$	$\dfrac{\Sigma A_{Ri}}{\Sigma A_{Ri,test}}$
1.C-01	30,0	16,0	5,1	4,7	1135	1070	1,14	0,59	0,52	0,62
1.C-02	30,0	16,0	5,1	4,7	1135	1070	0,96	0,54	0,49	0,58
1.C-03	12,0	10,0	3,2	3,2	715	710	0,48	0,33	0,29	0,33
1.C-04	12,0	10,0	3,2	3,2	715	710	0,45	0,30	0,32	0,35
1.C-06	14,0	12,0	3,6	3,6	818	808	0,63	0,48	0,68	0,63
1.C-07	40,0	46,0	28,4	19,6	2508	2023	2,00	4,63	2,71	1,75
1.C-08	40,0	46,0	28,4	19,6	2508	2023	2,56	4,62	2,99	1,76
1.C-09**	(40,0)**	(32,0)**	(21,1)**	(7,8)**	(2135)**	(1725)**	(1,33)**	(1,82)**	(0,64)**	(0,87)**
1.C-11**	(40,0)**	(36,0)**	(27,6)**	(10,0)**	(2500)**	(2485)**	(1,32)**	(2,02)**	(0,79)**	(1,01)**
1.C-12**	(40,0)**	(36,0)**	(27,6)**	(10,0)**	(2500)**	(2485)**	(1,08)**	(1,26)**	(0,61)**	(0,97)**
Mittelwerte	25,4	22,3	11,0	8,4	1362	1202	1,17	1,64	1,14	0,86
Variations-koeffizient in %	49,7	73,5	108,4	92,1	58,9	48,3	69,0	124,4	102,7	72,4

** Rissberechnung nicht für alle Lastschritte (Versenken des Kopfes) möglich. FE-Berechnung ergibt teilweises Aufspalten.

Tabelle 9-62   Ergebnisse der numerischen Rissflächenermittlung für Schrauben-
                typ A, Reihe 2.A

Reihe	max. Risslängen in mm		Abstände e_{085} in mm		Rissflächen in mm²		Verhältnisse Simulation zu Versuchsergebnissen			
	$a_{Ri,1,max}$	$a_{Ri,3,max}$	$e_{085,1}$	$e_{085,3}$	$A_{Ri,1}$	$A_{Ri,3}$	$\dfrac{\Sigma a_{Ri,max}}{\Sigma a_{Ri,max,test}}$	$\dfrac{e_{085,1}}{e_{085,1,test}}$	$\dfrac{e_{085,3}}{e_{085,3,test}}$	$\dfrac{\Sigma A_{Ri}}{\Sigma A_{Ri,test}}$
2.A-01	30,0	28,0	14,5	13,4	860	840	1,23	1,20	1,46	1,01
2.A-02	30,0	28,0	14,0	13,4	852	840	1,36	1,22	1,49	1,08
2.A-03	40,0	36,0	19,3	17,8	1130	1104	1,66	1,52	1,90	1,38
2.A-04	36,0	32,0	17,1	15,6	996	964	1,36	1,34	1,36	1,17
2.A-05	28,0	26,0	13,2	12,7	755	744	1,43	1,95	1,55	1,35
Mittelwerte	32,8	30,0	15,6	14,6	919	898	1,41	1,44	1,55	1,20
Variationskoeffizient in %	15,3	13,3	16,2	14,4	15,9	15,5	11,2	21,4	13,2	13,7

Tabelle 9-63   Ergebnisse der numerischen Rissflächenermittlung für Schrauben-
                typ B, Reihe 2.B

Reihe	max. Risslängen in mm		Abstände e_{085} in mm		Rissflächen in mm²		Verhältnisse Simulation zu Versuchsergebnissen			
	$a_{Ri,1,max}$	$a_{Ri,3,max}$	$e_{085,1}$	$e_{085,3}$	$A_{Ri,1}$	$A_{Ri,3}$	$\dfrac{\Sigma a_{Ri,max}}{\Sigma a_{Ri,max,test}}$	$\dfrac{e_{085,1}}{e_{085,1,test}}$	$\dfrac{e_{085,3}}{e_{085,3,test}}$	$\dfrac{\Sigma A_{Ri}}{\Sigma A_{Ri,test}}$
2.B-01	16,0	14,0	7,1	6,9	304	300	0,77	0,83	0,56	0,90
2.B-02	14,0	13,0	6,5	6,5	265	262	0,92	0,81	0,98	0,88
2.B-03	12,0	12,0	5,1	5,1	204	204	0,47	0,55	0,54	0,55
2.B-04	12,0	12,0	5,1	5,1	204	204	0,67	0,69	0,63	0,75
2.B-05	14,0	13,0	6,5	6,5	265	262	0,66	0,69	0,59	0,81
Mittelwerte	13,6	12,8	6,1	6,0	248	246	0,70	0,71	0,66	0,78
Variationskoeffizient in %	12,3	6,5	15,1	14,2	17,5	16,9	23,7	15,7	27,6	18,1

Tabelle 9-64   Ergebnisse der numerischen Rissflächenermittlung für Schrauben-typ C, Reihe 2.C

Reihe	max. Risslängen in mm		Abstände e_{085} in mm		Rissflächen in mm²		Verhältnisse Simulation zu Versuchsergebnissen			
	$a_{Ri,1,max}$	$a_{Ri,3,max}$	$e_{085,1}$	$e_{085,3}$	$A_{Ri,1}$	$A_{Ri,3}$	$\dfrac{\Sigma a_{Ri,max}}{\Sigma a_{Ri,max,test}}$	$\dfrac{e_{085,1}}{e_{085,1,test}}$	$\dfrac{e_{085,3}}{e_{085,3,test}}$	$\dfrac{\Sigma A_{Ri}}{\Sigma A_{Ri,test}}$
2.C-01	18,0	18,0	7,4	7,2	544	536	0,72	0,63	0,61	0,86
2.C-02	24,0	24,0	11,4	11,1	822	805	0,90	0,65	0,69	0,89
2.C-03	22,0	22,0	10,5	10,3	768	752	0,84	0,82	1,00	1,13
2.C-04	20,0	20,0	9,4	9,4	656	656	0,76	0,69	0,74	0,91
2.C-05	22,0	22,0	10,5	10,3	768	752	0,75	0,62	0,52	0,84
Mittelwerte	21,2	21,2	9,9	9,7	712	700	0,79	0,68	0,71	0,92
Variations-koeffizient in %	10,8	10,8	15,5	15,4	15,7	15,2	9,0	11,9	25,4	12,9

Tabelle 9-65   Ergebnisse der numerischen Rissflächenermittlung für Schrauben-
                 typ A, Reihe 3.A

Reihe	max. Risslängen in mm		Abstände e_{085} in mm		Rissflächen in mm²		Verhältnisse Simulation zu Versuchsergebnissen			
	$a_{Ri,1,max}$	$a_{Ri,3,max}$	$e_{085,1}$	$e_{085,3}$	$A_{Ri,1}$	$A_{Ri,3}$	$\frac{\Sigma a_{Ri,max}}{\Sigma a_{Ri,max,test}}$	$\frac{e_{085,1}}{e_{085,1,test}}$	$\frac{e_{085,3}}{e_{085,3,test}}$	$\frac{\Sigma A_{Ri}}{\Sigma A_{Ri,test}}$
3.A-01	40,0	34,0	18,5	16,1	1244	1192	1,92	2,12	1,49	1,47
3.A-02	28,0	26,0	12,7	12,2	980	964	1,04	1,95	1,00	1,16
3.A-03	32,0	28,0	14,2	13,4	1020	1004	1,88	2,04	1,84	1,39
Mittelwerte	33,3	29,3	15,2	13,9	1081	1053	1,61	2,03	1,44	1,34
Variations-koeffizient in %	18,3	14,2	19,9	14,3	13,2	11,6	31,0	4,1	29,3	12,1

Tabelle 9-66   Ergebnisse der numerischen Rissflächenermittlung für Schrauben-
                 typ B, Reihe 3.B

Reihe	max. Risslängen in mm		Abstände e_{085} in mm		Rissflächen in mm²		Verhältnisse Simulation zu Versuchsergebnissen			
	$a_{Ri,1,max}$	$a_{Ri,3,max}$	$e_{085,1}$	$e_{085,3}$	$A_{Ri,1}$	$A_{Ri,3}$	$\frac{\Sigma a_{Ri,max}}{\Sigma a_{Ri,max,test}}$	$\frac{e_{085,1}}{e_{085,1,test}}$	$\frac{e_{085,3}}{e_{085,3,test}}$	$\frac{\Sigma A_{Ri}}{\Sigma A_{Ri,test}}$
3.B-02	14,0	14,0	5,6	5,6	656	656	0,69	0,96	0,71	0,99
3.B-03	16,0	16,0	6,5	6,5	737	737	0,95	0,84	0,79	0,98

Tabelle 9-67   Ergebnisse der numerischen Rissflächenermittlung für Schrauben-typ C, Reihe 3.C

Reihe	max. Risslängen in mm		Abstände e_{085} in mm		Rissflächen in mm²		Verhältnisse Simulation zu Versuchsergebnissen			
	$a_{Ri,1,max}$	$a_{Ri,3,max}$	$e_{085,1}$	$e_{085,3}$	$A_{Ri,1}$	$A_{Ri,3}$	$\dfrac{\Sigma a_{Ri,max}}{\Sigma a_{Ri,max,test}}$	$\dfrac{e_{085,1}}{e_{085,1,test}}$	$\dfrac{e_{085,3}}{e_{085,3,test}}$	$\dfrac{\Sigma A_{Ri}}{\Sigma A_{Ri,test}}$
3.C-01	12,0	12,0	7,3	7,3	860	860	0,42	0,92	0,59	1,08
3.C-02**	**	**	**	**	**	**	**	**	**	**
3.C-03	18,0	16,0	6,5	6,5	756	752	0,63	0,50	0,56	0,70

**   Rissberechnung nicht für alle Lastschritte (Versenken des Kopfes) möglich.

Tabelle 9-68   Ergebnisse der numerischen Rissflächenermittlung für Schraubentyp A, Reihe A.1

Reihe	max. Risslängen in mm		Abstände e_{085} in mm		Rissflächen in mm²		Verhältnisse Simulation zu Versuchsergebnissen			
	$a_{Ri,1,max}$	$a_{Ri,3,max}$	$e_{085,1}$	$e_{085,3}$	$A_{Ri,1}$	$A_{Ri,3}$	$\dfrac{\Sigma a_{Ri,max}}{\Sigma a_{Ri,max,test}}$	$\dfrac{e_{085,1}}{e_{085,1,test}}$	$\dfrac{e_{085,3}}{e_{085,3,test}}$	$\dfrac{\Sigma A_{Ri}}{\Sigma A_{Ri,test}}$
A.1-01*	40,0	*	34,0	*	1600	*	*	1,12	*	*
A.1-03*	40,0	*	34,0	*	1600	*	*	1,11	*	*
A.1-04*	40,0	*	34,0	*	1600	*	*	1,02	*	*
Mittelwerte	40,0	-	34,0	-	1600	-	-	1,08	-	-
Variations- koeffizient in %	-	-	-	-	-	-	-	-	-	-

*   FE-Berechnung ergibt Versagen durch Aufspalten, realistische Rissfläche $A_{Ri,3}$ bisher nicht mit FE-Modell ermittelbar.

Tabelle 9-69   Ergebnisse der numerischen Rissflächenermittlung für Schraubentyp A, Reihe A.2

Reihe	max. Risslängen in mm		Abstände e_{085} in mm		Rissflächen in mm²		Verhältnisse Simulation zu Versuchsergebnissen			
	$a_{Ri,1,max}$	$a_{Ri,3,max}$	$e_{085,1}$	$e_{085,3}$	$A_{Ri,1}$	$A_{Ri,3}$	$\dfrac{\Sigma a_{Ri,max}}{\Sigma a_{Ri,max,test}}$	$\dfrac{e_{085,1}}{e_{085,1,test}}$	$\dfrac{e_{085,3}}{e_{085,3,test}}$	$\dfrac{\Sigma A_{Ri}}{\Sigma A_{Ri,test}}$
A.2-01*	56,0	*	47,6	*	2240	*	*	6,47	*	*
A.2-02*	56,0	*	47,6	*	2240	*	*	3,18	*	*
A.2-03*	56,0	*	47,6	*	2240	*	*	3,97	*	*
A.2-04*	56,0	*	47,6	*	2240	*	*	1,25	*	*
Mittelwerte	56,0	-	47,6	-	2240	-	-	3,72	-	-
Variations- koeffizient in %	-	-	-	-	-	-	-	-	-	-

*   FE-Berechnung ergibt Versagen durch Aufspalten, realistische Rissfläche $A_{Ri,3}$ bisher nicht mit FE-Modell ermittelbar.

Tabelle 9-70　Ergebnisse der numerischen Rissflächenermittlung für Schraubentyp A, Reihe A.3

Reihe	max. Risslängen in mm		Abstände e_{085} in mm		Rissflächen in mm²		Verhältnisse Simulation zu Versuchsergebnissen			
	$a_{Ri,1,max}$	$a_{Ri,3,max}$	$e_{085,1}$	$e_{085,3}$	$A_{Ri,1}$	$A_{Ri,3}$	$\dfrac{\Sigma a_{Ri,max}}{\Sigma a_{Ri,max,test}}$	$\dfrac{e_{085,1}}{e_{085,1,test}}$	$\dfrac{e_{085,3}}{e_{085,3,test}}$	$\dfrac{\Sigma A_{Ri}}{\Sigma A_{Ri,test}}$
A.3-01**	(12,0)**	(10,0)**	(6,2)**	(6,2)**	(580)**	(580)**	(0,60)**	(0,75)**	(0,66)**	(0,79)**
A.3-03**	**	**	**	**	**	**	**	**	**	**

** Rissberechnung nicht für alle Lastschritte (Versenken des Kopfes) möglich.

Tabelle 9-71   Ergebnisse der numerischen Rissflächenermittlung für Schrauben-
                typ B, Reihe B.1

Reihe	max. Risslängen in mm		Abstände e_{085} in mm		Rissflächen in mm²		Verhältnisse Simulation zu Versuchsergebnissen			
	$a_{Ri,1,max}$	$a_{Ri,3,max}$	$e_{085,1}$	$e_{085,3}$	$A_{Ri,1}$	$A_{Ri,3}$	$\frac{\Sigma a_{Ri,max}}{\Sigma a_{Ri,max,test}}$	$\frac{e_{085,1}}{e_{085,1,test}}$	$\frac{e_{085,3}}{e_{085,3,test}}$	$\frac{\Sigma A_{Ri}}{\Sigma A_{Ri,test}}$
B.1-01	20,0	16,0	11,2	9,9	226	206	0,98	1,35	1,11	1,06
B.1-02	36,0	22,0	20,0	13,6	401	306	1,41	1,50	1,09	1,04
B.1-03	38,0	24,0	21,4	13,8	423	314	1,34	1,61	1,17	1,37
B.1-04	26,0	20,0	15,3	11,4	295	248	1,31	1,96	1,67	1,60
Mittelwerte	30,0	20,5	17,0	12,2	336	269	1,26	1,60	1,26	1,27
Variationskoeffizient in %	28,3	16,7	27,5	15,4	27,5	19,0	15,2	16,2	21,7	21,2

Tabelle 9-72   Ergebnisse der numerischen Rissflächenermittlung für Schrauben-
                typ B, Reihe B.2

Reihe	max. Risslängen in mm		Abstände e_{085} in mm		Rissflächen in mm²		Verhältnisse Simulation zu Versuchsergebnissen			
	$a_{Ri,1,max}$	$a_{Ri,3,max}$	$e_{085,1}$	$e_{085,3}$	$A_{Ri,1}$	$A_{Ri,3}$	$\frac{\Sigma a_{Ri,max}}{\Sigma a_{Ri,max,test}}$	$\frac{e_{085,1}}{e_{085,1,test}}$	$\frac{e_{085,3}}{e_{085,3,test}}$	$\frac{\Sigma A_{Ri}}{\Sigma A_{Ri,test}}$
B.2-01**	**	**	**	**	**	**	**	**	**	**
B.2-02*	32,0	*	27,2	*	768	*	*	1,49	*	*
B.2-03*	32,0	*	27,2	*	768	*	*	1,69	*	*
B.2-04*	32,0	(110,0)*	27,2	(53,9)*	768	(1235)*	*	2,49	*	*
Mittelwerte	32,0	-	27,2	-	768	-	-	1,89	-	-
Variationskoeffizient in %	-	-	-	-	-	-	-	-	-	-

*   FE-Berechnung ergibt Versagen durch Aufspalten, realistische Rissfläche $A_{Ri,3}$ bisher nicht mit
       FE-Modell ermittelbar.

**   Rissberechnung nicht für alle Lastschritte (Versenken des Kopfes) möglich.

Tabelle 9-73   Ergebnisse der numerischen Rissflächenermittlung für Schraubentyp B, Reihe B.3.1

Reihe	max. Risslängen in mm		Abstände e_{085} in mm		Rissflächen in mm²		Verhältnisse Simulation zu Versuchsergebnissen			
	$a_{Ri,1,max}$	$a_{Ri,3,max}$	$e_{085,1}$	$e_{085,3}$	$A_{Ri,1}$	$A_{Ri,3}$	$\dfrac{\Sigma a_{Ri,max}}{\Sigma a_{Ri,max,test}}$	$\dfrac{e_{085,1}}{e_{085,1,test}}$	$\dfrac{e_{085,3}}{e_{085,3,test}}$	$\dfrac{\Sigma A_{Ri}}{\Sigma A_{Ri,test}}$
B.3.1-01*	32,0	(28,0)*	27,2	(17,4)*	1280	(820)*	1,34	2,22	(1,66)*	(2,91)*
B.3.1-02*	32,0	*	27,2	*	1280	*	*	2,45	*	*

*   FE-Berechnung ergibt Versagen durch Aufspalten, realistische Rissfläche $A_{Ri,3}$ bisher nicht mit FE-Modell ermittelbar.

Tabelle 9-74   Ergebnisse der numerischen Rissflächenermittlung für Schraubentyp B, Reihe B.3.2

Reihe	max. Risslängen in mm		Abstände e_{085} in mm		Rissflächen in mm²		Verhältnisse Simulation zu Versuchsergebnissen			
	$a_{Ri,1,max}$	$a_{Ri,3,max}$	$e_{085,1}$	$e_{085,3}$	$A_{Ri,1}$	$A_{Ri,3}$	$\dfrac{\Sigma a_{Ri,max}}{\Sigma a_{Ri,max,test}}$	$\dfrac{e_{085,1}}{e_{085,1,test}}$	$\dfrac{e_{085,3}}{e_{085,3,test}}$	$\dfrac{\Sigma A_{Ri}}{\Sigma A_{Ri,test}}$
B.3.2-01**	**	**	**	**	**	**	**	**	**	**
B.3.2-02**	**	**	**	**	**	**	**	**	**	**

**   Rissberechnung nicht für alle Lastschritte (Versenken des Kopfes) möglich. Vermutlich Versagen durch (bereichsweises) Aufspalten in der FE-Berechnung.